近代人文社會科學譯著（第二輯）

熊月之 主編

妖怪學講義録（總論）

[日] 井上圓了 著
蔡元培 譯

上海科學技術文獻出版社

图书在版编目（CIP）数据

妖怪学讲义录：总论 / 熊月之主编．一上海：上海科学技术文献出版社，2023
（近代人文社会科学译著．第二辑）
ISBN 978-7-5439-8766-1

Ⅰ．① 妖…　Ⅱ．①熊…　Ⅲ．①神一民间文化一文化研究一中国　Ⅳ．① B933

中国国家版本馆 CIP 数据核字 (2023) 第 037536 号

策划编辑：张　树
责任编辑：王　珺
封面设计：徐　利

妖怪学讲义录：总论
YAOGUAIXUE JIANGYILU: ZONGLUN
熊月之　主编
出版发行：上海科学技术文献出版社
地　　址：上海市长乐路 746 号
邮政编码：200040
经　　销：全国新华书店
印　　刷：商务印书馆上海印刷有限公司
开　　本：889mm×1194mm　1/32
印　　张：8.125
版　　次：2023 年 3 月第 1 版　2023 年 3 月第 1 次印刷
书　　号：ISBN 978-7-5439-8766-1
定　　价：88.00 元
http://www.sstlp.com

近代人文社會科學譯著（1807—1919）序言

熊月之

一

人文社會科學，包含人文學科與社會科學兩類。〔一〕

〔一〕人文學科之所以稱『學科』而不稱『科學』，因爲通常所説的科學（science），主要指以物爲研究對象、可以通過實驗進行驗证的自然科學，而人文學科則以人爲研究對象，具有個别、私人、主觀性質，無法驗证。自然科學與人文學科處於比較的兩端，差异較大，而社會科學與自然科學之間，差异較小，且在取向、知識生産模式、研究方法等方面，較爲接近。人文學科與自然科學的區别，也表現在分析和解釋方向：自然科學從多樣性、特殊性、復雜性、偶然性走向統一性、一致性、簡單性和必然性；相反，人文學科則突出獨特性、意外性、復雜性和創造性。它們屬於不同的思維能力，使用不同的概念、不同的語言形式進行表達。自然科學是理性的産物，使用事實、規律、原因等概念，並通過客觀語言溝通信息；人文學科是想象的産物，使用現象與實在、命運與自由意志等概念。所以稱『學科』而不稱『科學』，更爲突出人文學科的特質。參見《簡明不列顛百科全書》（第6卷），北京：中國大百科全書出版社，1986年，第761頁；李醒民《知識的三大部類：自然科學、社會科學和人文學科》，《學術界》2012年第8期。

學科分類在不同歷史時期、不同語境下並不相同，標準、方法也見仁見智。近代以來，學術界逐漸傾向於將人類知識分爲三大部類，即自然科學、社會科學與人文學科。自然科學以自然即客觀的物質世界作爲研究對象，包括數學、物理學、化學、天文學、地學（地理學、地質學、氣象學）與生物學等；社會科學以人類社會作爲研究對象，涵蓋經濟學、政治學、法學、社會學、行政學、教育學、倫理學等；人文學科以人爲研究對象，探尋人的生存及其意義、人的價值及其實現，涉及語言學、文學、歷史學、哲學、藝術等。

本書選輯起止時間爲1807—1919年。

衆所周知，中國近代史的起止時間，亦即中國近代史的研究對象，是從1840—1949年，因爲這百餘年的中國，是相對完整的近代形態，是一個完整的歷史時期。但是，近代西方人文社會科學在中國翻譯、傳播的歷史，與中國近代歷史的進程並不完全同步。

首先，起步更早。1807年，基督教新教傳教士、英國人馬禮遜來到澳門，然後進入廣州，拉開新一輪西學傳播序幕。稍後英國傳教士米憐、德國傳教士郭實臘等，絡繹東來。他們在馬六甲、新加坡、巴達維亞等地，開學校，辦印刷所，在當地華僑中傳播西學。他們所出版的涉及人文社會科學知識的書籍雖然不很多，但這些西學知識，與鴉片戰爭以後傳入中國的西學知識屬於統一整體，也是後者之先聲。

其次，心態轉變也早。近代中國讀書人、思想界對於以歐美爲中心的西方人文社會科學，有個從仰視到平視的轉變過程，其轉折點便是第一次世界大戰。1914—1918年，發生在帝國主義國家之間的世界大戰，有三十多個國家、15億人口卷入，傷亡人員三千萬，經濟損失難計其數。這一殘酷現實，讓中國讀書人、思想界明白，西方科學並不萬能，人類社會的演變，並不總是沿着進步的方向直綫上昇。巴黎和會上西方列强對於中國主權的無視與陵鑠，更讓中國人明白，世界上並不存在什麽平等對待弱者的『公理』。這種世界性的倒退與不公，促使東西方有識之士更加深刻地思考人類的未來，更加理性地思考東西方文化的價值。此後，西方人文社會科學在中國讀書人、思想界那裏，盡管仍然是最爲重要的文化資源之一，但已從至高無上的峰頂跌落下來，成爲與東方文化等量齊觀的一端。

這是本書將下限斷爲1919年的主要原因。

二

在介紹近代西方人文社會科學在中國傳播之前，有必要先回溯一下明末清初那段時間這方面的情况。明末清初，利瑪竇、艾儒略、南懷仁等耶穌會傳教士編寫、或與徐光啓、李之藻、楊廷筠等人合譯的一批西學書籍，其中有十多部較多涉及人文社會科學内容，如《西國記法》(1595)、《職方外紀》(1623)、《西學凡》(1623)、《靈言蠡勺》(1624)、《西儒耳目資》(1625)、《治平西學》(約1629)、《修身西學》(1630)、《名理探》(1631)、《童幼教育》(1632)、《西方問答》(1637)、《齊家西學》(崇禎年間)、《坤輿全圖》與《坤輿圖説》(1674)、《窮理學》(1683)等，這些書對歐洲的哲學、政治學、經濟學、教育學、文學、歷史學、地理學等方面的知識有所介紹。

比如，傅汎際和李之藻合譯《名理探》，介紹了『愛知學』即哲學的含義。南懷仁編《窮理學》，介紹邏輯學的功用，稱窮理學『爲百學之宗』，爲『訂非之磨勘，試真之礪石，萬藝之司衡，靈界之日光，明悟之眼目，義理之啓鑰，爲諸學之首需者也。』〔一〕高一志著《治平西學》，爲最早漢譯西方政治學著作，分別從王公、群臣、兆民的行爲準則，説明何者爲宜、何者應戒，還介紹了世界上的三種政體形式：『一曰一人且王之政；二曰數人且賢之政；三曰衆人且民之政是也。』〔二〕艾儒略譯《職方外紀》，對歐洲教育制度包括學制、課程設置、考試方式均有所介紹。高一志著《修身西學》，述及西方倫理學知識，包括修身目的、修身憑藉與修身方法，主旨在於指明人類通過修德以確保自身行動的善，從而獲得美好，達到幸福境界。天啓年間出版的《況義》，是《伊索寓言》在中國傳播的第一個譯本。

明末清初西方人文社會科學在中國的傳播，傳播主體是利瑪竇等傳教士，中國學者徐光啓等參與譯述潤色，所傳内容從總體上説，比較零碎，不成系統，所譯編成書籍印數較少，傳播範圍較小，很多内容只是在少量學者中流傳。但是，他們所傳許多知識，開啓了近代西學東漸的先河，如地圓説、五大洲説、腦主記憶説；所創譯的諸多名詞，也被近代沿用，如亞細亞、歐羅巴、大西洋、地中海、自鳴鐘、天主等。他們以『理學』翻譯哲學，一度被近代學者沿用。

〔一〕南懷仁：《進呈窮理學書奏》，徐宗澤：《明清間耶穌會士譯著提要》第192頁，中華書局，1989年。

〔二〕高一志：《治平西學》，載黄興濤、王國榮編《明清之際西學文本》第2册，中華書局，2013年，第614頁。

三

近代西方人文社會科學在中國翻譯、傳播的歷史，可以分爲五個階段，即 1807—1842 年、1843—1860 年、1861—1900 年、1901—1911 年、1912—1919 年。

第一階段，從 1807 年至 1842 年。

17 世紀末 18 世紀初，因宗教禮儀問題，在清朝政府與羅馬教廷之間、中國耶穌會與羅馬教廷之間、耶穌會與其他天主教會之間，出現嚴重分歧。羅馬教廷要求在華天主教徒不得祭祖、不得拜孔。康熙皇帝表示，中國祭祖敬孔，不過是一種崇敬的禮節，並無宗教性質，如果來華西人，不能像利瑪竇那樣對祭祖敬孔持尊重態度，斷不準在中國居留、傳教。雙方交涉多次，不得要領。1717 年（康熙五十六年），康熙皇帝下令禁止天主教在華活動。此後，天主教在華再次步入低谷。雍正、干隆等朝，又相繼頒佈禁止天主教的命令。1773 年（干隆三十八年），因宗教内部紛争，羅馬教廷下令解散耶穌會，兩年後命令傳到中國，耶穌會正式解散。至此，自晚明開始在中國活動二百年的耶穌會，終於告一段落。西學傳播的細流亦因此截斷。

1807 年，英國基督新教傳教士馬禮遜，受倫敦會委派，從英國經美國輾轉來到澳門，進入廣州，以後在廣州、澳門及南洋各地，進行傳教與西學傳播活動。稍後，英國傳教士米憐、楊威廉，美國傳教士粦爲仁、雅裨理、裨治文，德國傳教士郭實臘等，絡繹東來。他們在馬六甲、新加坡、巴達維亞等地，開學校，辦印刷所，出版《聖經》等宗教讀物，也在當地華僑中傳播西學。所出版的涉及人文社會科學方面的書籍有十來種，包括《生意公平聚益法》（1818）、《西游地球聞見略傳》（1819）、《地理便童略傳》（1819）、《東西史記和合》（1829）、《大英國統志》（1834）、《美理哥合省國志略》（1838）、《古今萬國綱鑒》、（1838）、《萬國地理全集》（1838）、《制國之用大略》（1839）、《貿易通誌》（1840），所出版刊物《察世俗每月統記傳（1815—1821）》《特選撮要每月紀傳（1823—1826）》《東西洋考每月統記傳（1833—1838）》，都含有豐富的西方經濟學、歷史學、地理學知識。

比如，《生意公平聚益法》，介紹人們相互之間進行貿易應該遵循的基本法則，《地理便童略傳》對世界主要地區與國家均有介紹，對英國、美國政治制度、司法制度介紹較爲具體。《古今萬國綱鑒》，凡244頁，分20冊，是鴉片戰爭以前介紹世界歷史知識最爲詳盡的一部書。《貿易通誌》較爲翔實地介紹了西方的商業制度，魏源在《海國圖志》中，對許多國家的貿易、商業的介紹資料採自此書。《大英國統志》《美理哥合省國志略》分別翔實地介紹了英國、美國的國情。

再如，《察世俗每月統記傳》所載《論有羅巴列國》《論亞西亞列國》《論亞非利加列國》《論亞默利加列國》《法蘭西國作變復平略傳》等文，介紹歐洲、亞洲、美洲等地地理、歷史知識，介紹了法國的歷史。還在1821年，便介紹了剛剛立國45年的美國，稱其面積寬大，盛産各物，港口衆多，人口增加很快，且有智有力，預料其日後必爲美洲最大國家。〔一〕《東西洋考每月統記傳》所載《通商》《貿易》《公班衙》等文，

〔一〕《論亞默利加列國》，《察世俗每月統記傳》卷七，道光元年。

介紹西方通商理論，認爲通商貿易對商人、人民、國家都有好處，强調通商貿易要篤實誠信，不可食言行騙。

鴉片戰爭以前，中國還没有被英國打敗過，中西關係還比較平等，傳教士在介紹西方情況時，心態還不是那麼傲慢，所以，行文常用對話體，以中國人習慣的説書形式出現。爲了迎合中文讀者心理，作者論述問題，每每先引一段中國古代聖賢的語録或故事，然後進行中西比較，説明東方西方，心同理同。這種表達方式，類似於明末清初耶穌會士，而不同於鴉片戰爭以後傳教士那種居高臨下姿態。

第二階段，從1843年至1860年，即五口通商時期。

在1840年至1842年的中英鴉片戰爭中，清朝政府戰敗，被迫與英、美、法等國簽訂不平等的《南京條約》、《望厦條約》和《黄埔條約》，被迫割讓香港給英國，開放廣州、福州、厦門、寧波、上海作爲通商口岸，允許外國人在這些口岸傳播宗教、開設學堂、開辦醫院。於是，傳教士便將活動基地從南洋遷到中國東南沿海，開始了晚清西學傳播史上的新階段。這一階段，通商口岸成爲傳播基地。此前，傳教士的活動局限於南洋一帶，西學書刊雖亦能傳至中國大陸，其所辦學校中也有華人，但畢竟水路迢迢，對中國内地影響有限。五口通商後，麥都思、雅裨理、慕維廉、艾約瑟等傳教士以這些地方爲基地，辦學校，出書刊，進行各種西學傳播活動，東南沿海遂成中國率先接受西學影響的地區。傳教士所出版《聯邦志略》（1846）、《格物窮理問答》（1851）、《地理全志》（1853）、《大英國志》（1856）、《地球説略》（1856）、《地理論》（1859）等書籍，《中西通書》（1853—1860，年鑒）、《遐邇貫珍》（1853—1855）、《六合叢談》（1857—

1858）等雜誌，包括豐富的歷史學、地理學、經濟學知識，也有一些哲學、文學知識。比如，《遐邇貫珍》所載《花旗國政治制度》一文，不但介紹了美國的總統選舉制、立法、司法、行政、聯邦及各州之組織，還將英、美政治制度作了比較，認爲各有利弊。再如，慕維廉譯編的《大英國志》與《地理全志》，都是超過三百多頁的大書，前者翔實地介紹了當時世界上最强大的帝國英國的歷史與現實，後者比較宏觀地介紹了世界地理知識。

這一時段，傳教士忙於在通商五口進行傳教活動，出版宗教讀物繁多，所出人文社會科學書籍較少，十來種而已，但是這些書刊在中國士紳中還是産生了比較廣泛而重要的影響。魏源編《海國圖志》，廣泛徵引了《地球圖説》等西書；徐繼畬撰《瀛寰志略》，直接得益於雅裨理等人的西書資料；王韜、管嗣復參加了一些西書與雜誌的譯編，受到這些知識的深刻影響。王韜日後出版《西學輯存六種》，頗得益於他在墨海書館協助偉烈亞力等人的西學熏陶，管嗣復則將其西學知識轉述給其老師馮桂芬，促成馮桂芬名著《校邠廬抗議》的誕生。《聯邦志略》《地理全志》《地球説略》等書還傳到了日本，並有日譯本行世。

第三階段，1860年至1900年。

1856年至1860年，英國、法國在美國、俄國等支持下，發動了侵略中國的第二次鴉片戰爭。中國再次慘敗。侵略者逼迫清朝政府先後簽訂了《天津條約》（1858）、《北京條約》（1860）等一系列不平等條約。通過這些條約，外國侵略者從中國勒索了大筆戰爭賠款，取得了一系列侵略特權。其中，與西學傳播密切相關的有：一、增開11個通商口岸，即天津、牛莊、登州、臺南、潮州、瓊州、鎮江、南京、九江、漢口、淡水。後來實際開埠時，牛莊改爲營口，登州改爲煙臺，潮州改爲汕頭。條約規定，外國人可以在這些通商口岸居住、賃房、買屋、租地起造禮拜堂、醫院、墳塋等。二、傳教自由。三、外國人可到中國内地各處遊歷、通商，中國政府應提供方便。四、開放長江。這樣，加上先前割讓的香港，開放的五口，中國被迫對外開放的城市達17個。外國人可以在南起廣州、厦門，中經上海、煙臺，北至天津、營口，東起上海、南京，沿江西上，直到中國内地，這樣廣闊的範圍裏自由活動。其結果，加强了西方列强對中國的政治侵略、經濟掠奪，也便利了他們對中國的文化滲透。

在清政府方面，以咸豐皇帝去世、辛酉政變發生、慈禧太后掌權爲轉折點，中國對外對内政策有了重大調整。總理各國事務衙門的設立，京師同文館、上海廣學會的創辦，以學習西方堅船利砲、聲光化電爲重要内容的洋務運動的開展，江南製造局等機構的設立，中國向歐洲、美洲與日本等地駐外使臣的派出，聖約翰大學等衆多教會學校的創辦，都對西學傳播産生了重要影響。1894年發生的中日甲午戰爭，中國再次慘敗，激起變法思潮高漲，維新運動發生，更推動了西學傳播的高漲。

這一階段，譯介西學方面，有兩支力量同時發力，即清政府官辦機構與教會機構，前者以京師同文館、江南製造局翻譯館爲其著者，後者以設在上海的以基督新教傳教士爲主的廣學會最爲突出，天主教耶穌會設立的土山灣印書館也貢獻甚多。

這一階段，所出版的人文社會科學譯著，數量較前大爲增多，約130種，超過以往約三百年所出同類書籍總數。内容也更加厚實系統，有適應瞭解國際形勢與外國情況需要的《萬國公法》(1864)、《歐洲史略》(1886)、《希臘志略》(1886)、《羅馬志略》(1886)、《四裔編年表》(1874)、《萬國史記》(1880)、《法國律例》(1880)、《萬國通鑒》(1882)、《八星之一總論》(1892)、《各國交涉公法論》(1898)、《歐羅巴通史》(1900)等；有介紹外交常識的《星軺指掌》(1876)、《公法便覽》(1877)、《公法會通》(1880)；有介紹西方歷史、哲學、經濟學基礎知識的《佐治刍言》(1885)、《西學略述》(1886)、《辨學啓蒙》(1886)、《富國養民策》(1886)、《地球一百名人傳》(1898)；有適應變法需要、介紹外國變法的書籍《自西徂東》(1884)、《列國變通興盛記》(1894)、《泰西新史攬要》(1895)、《文學興國策》(1896)；有爲變法運動提供理論支撑的《天演論》(1898)、《民約通義》(1898)；有爲教育變革提供學術資源的《西國學校》(1873)、《肄業要覽》(1882)、《七國新學備要》(1888)、《教育學綱要》(1899)；有合哲學與心理學爲一體的《心靈學》(1889)、《治心免病法》(1896)。《格致匯編》刊載傅蘭雅所作的《混沌説》(1877)，概略地叙述了當時中國還不大有人瞭解的生物進化論觀點。廣學會出版的李提摩太翻譯的《百年一覺》(1894)，原爲美國空想社會主義小説，影響極廣。同爲廣學會出版的《大同學》(1899)，第一次向中國人介紹了馬克思及其學説。

第四階段，1901 年至 1911 年。

1898 年的戊戌政變，1900 年的八國聯軍侵略中國之役，使清朝政府的威信跌到最低點，中國國際、國内形勢均發生巨大變化。一方面，愛國人士、知識分子失望到極點，革命風潮因之而生，留日熱潮驟然而起。另一方面，清政府實行新政，鼓勵工商，廢除科舉，改革學制，繼而宣佈預備立憲。這兩方面都亟需西學（新學）資源。在這兩方面因素的共同作用下，西方人文社會科學在中國的傳播，呈井噴之勢，從內容到方式、從數量到質量都有巨大變化。

此前，西學知識主要由翻譯英、法等西書而來。1900年以後，由日本轉口輸入西學數量急劇增長，日本成爲西學輸入主要來源地。從1900年到1911年，中國通過日文、英文、法文共譯各種西書至少有1599種〔一〕，遠遠超過此前90年中國譯書的總數。從1902年至1904年，共譯西書533種，其中日文書籍達321種，占總數的60%。

在繁多的中譯西書中，人文社會科學比重加大。以1902年到1904年爲例，三年共譯文學、歷史、哲學、經濟、法學、政治學等人文社會科學書籍327種，占譯書總數的61%。同期翻譯自然科學書籍112種，應用科學56種，分別只占譯書總量的21%和11%。〔二〕所占比重從多到少的順序爲人文社會科學→自然科學→應用科學，與之前幾十年的情形正好相反。京師大學堂從1898年到1911年翻譯、出版西學教科書有六十餘部一百多册，其中人文社會科學類占62%。〔三〕這表明當時西學輸入的重心，已從器物技藝等物質文化層面轉到思想、學術等精神文化層面。

〔一〕見拙著：《西學東漸與晚清社會》（修訂本），中國人民大學出版社，2011年，第11頁。
〔二〕以上數據均見拙著：《西學東漸與晚清社會》（修訂本），第11頁。
〔三〕範軍：《歲月書痕》，華中師範大學出版社，2017年，第165頁。

就内容而言，這一階段所譯人文社會科學書籍，舉凡哲學、文學、歷史、經濟、法學、政治學等各學科，都有頗成規模的系統譯作。

哲學方面，概論性譯作就有9部，如井上圓了著、羅伯雅譯《哲學要領》（1902），德國科培爾著、下田次郎述、蔡元培譯《哲學要領》（1903），井上圓了著、王學來譯《哲學原理》（1903）；邏輯學譯作18部，如楊蔭杭譯《名學》（1902），清野勉著、林祖同《論理學達恉》（1902），十時彌著、田吴炤譯《論理學綱要》（1902）、嚴復譯《穆勒名學》（1905），大西祝著，胡茂如譯《論理學》（1906），英國耶方斯著、王國維譯《辨學》（1908），法國孟德福著、李問漁譯《名理學》（1908）。其他哲學著作（含哲學家介紹、各國哲學、哲學史）9部，如蟹江義丸著、範迪吉等譯《西洋哲學史》（1903）、姉崎正治著、範迪吉等譯《宗教哲學》，井上圓了著、蔡元培譯《妖怪學講義録（總論）》（1906）；心理學譯作21部，如元良勇次郎著、王國維譯《心理學》（1902），長尾槙太郎著、蔣維喬譯《心理學》（1906）等；倫理學譯作10部，如元良勇次郎著、麥鼎華譯《倫理學》（1902）、德國泡爾生著、蔡元培譯《倫理學原理》（1909）；教育學46部，如立花銑三郎述、王國維譯《教育學》（1901），能勢榮著、葉瀚譯《泰西教育史》（1901）。清末一度流行哲學救國論，一批學者認爲救國應先救其人，救人應先救其心，救心應先救其學，而救學則應從譯介西方哲學始。因此，舉凡古希臘、羅馬哲學，西方近代哲學，以及重要哲學家生平及其學説，幾乎無一不被譯介。

文學作品翻譯更是繁盛一時，内以小説最多。據研究，從1901—1911年，中國共翻譯域外小説547

部，散文集22部，戲劇1種〔一〕。對英、美、法、俄、德、日、荷蘭、奥地利、瑞士、希臘等國文學作品均有翻譯，内以英、法、日三國最多。英國的莎士比亞、笛福、斯威夫特、哈葛德、柯南道爾、司各特、哈代、拜倫、狄更斯、斯蒂文森等，法國的小仲馬、雨果、大仲馬、朱力士、迦爾威尼，美國的斯士活夫人、布萊特夫人等人作品都有翻譯。譯自英國的，僅林紓就與人合譯哈葛德《迦因小傳》和《鬼山狼俠傳》等20種，柯南道爾《歇洛克奇案開場》等7種，司各特《撒克遜劫後英雄略》等3種，斯蒂文森《新天方夜譚》等。同是柯南道爾作品，就有周桂笙、林紓和魏易、陳家麟、包天笑等人投入翻譯。譯自法國的有，林紓與他人合譯的《巴黎茶花女遺事》《賂史》，薛紹徽譯的《八十日環遊記》，包天笑譯的《鐵世界》，朱樹人譯的《穡者傳》和《冶工軼事》，陳春生譯的《獄中花》，梁啓超等譯的《十五小豪杰》，魯迅翻譯的凡爾納小説《月界旅行》。從1899年到1911年，從日本翻譯過來的小説有55種，其中1907年就翻譯了11部，内有《佳人奇遇》《經國美談》《謀色圖財記》《美人島》《世界一周》等。〔二〕

歷史學方面，比較重要的有102部，其中通史14部，如作新社出版的《萬國歷史》(1902)、支那翻譯會社的《萬國史綱》(1903)、杭州史學齋的《萬國史要》(1903)、上海通社的《世界通史》(1903)、山西

〔一〕鄧集田：《中國現代文學的出版平臺——晚清民國時期文學出版情況統計與分析(1902—1949)》，華東師範大學博士論文，2009年，第502—512頁。

〔二〕汪帥東：《晚清日本文學翻譯研究》，《當代外語教育》，2018年，第2輯。

大學堂譯書院的《邁爾通史》（1905）、江楚編譯官書局的《萬國史略》（1906）。其中英國李思倫白著、蔡爾康等譯編的《萬國通史》，規模最爲宏大，凡30卷，相繼於1900、1904、1905年由廣學會出版。地區史、國別史52部，如東亞譯書會《歐羅巴通史》（1900）、金粟齋《西洋史要》（1901）、商務印書館《亞美利加洲通史》（1902）、文明書局的《泰西通史》（1903）等，還有英、美、德、法、日等國歷史。變政史、維新史、獨立史17部，如作新社的《英國維新史》（1903）、文明書局的《佛國革命戰史》（1903）、商務印書館的《美國獨立戰史》（1911），還有關於意大利、菲律賓、希臘、印度等國獨立或變革史。其他專史5部，如開明書店的《近世海戰史》（1903）、文明書局的《世界女權發達史》。人物傳記14部，包括華盛頓、拿破侖、彼得大帝、俾斯麥等個人傳記，還有世界名人、歐洲政治學家、日本維新志士等合傳。

政治學方面，比較重要的譯編有29部，其中政治學概論性的譯作，有高田早苗講述、嵇鏡譯《國家學原理》（1901）、德國伯倫知理原著、梁啓超譯《國家學綱領》（1902）、德國那特硜著、馮自由譯的《政治學》（1902）、戢翼翬等譯《那特硜政治學》（1901）、市島謙吉著、麥曼蓀譯《政治原論》（1902）、美國伯蓋司著、楊廷棟譯《政治學》（1904年以前）；政治學理論譯作有英國斯賓塞著作、楊廷棟譯《原政》（1902）、法國盧梭著、楊廷棟譯《路索民約論》（1902）、浮田龢民著、出洋學生編輯所譯《帝國主義》（1902）、西川光次郎著、周子高譯《社會黨》（1902）、馬君武譯《彌勒約翰自由原理》（1903）、幸德秋水著、中國達識社譯《社會主義神髓》（1903）、村井知至著、侯士綰譯《社會主義》（1903）、加藤弘之著、陳尚素譯《人權新説》（1903）、福井準造著、趙必振譯《近世社會主義》（1903）、英國甄克思著、嚴復譯《社會通詮》（1904）

等。介紹各國政治態勢的有《萬國政治叢考》《最新萬國政鑒》《最新萬國政治制度》《萬國國力比較》《歐美政教紀原》《十九世紀末世界之政治》《美國民政考》等。

經濟學方面，1901年至1911年出版譯作23部。其中，嚴復翻譯的《原富》出版，是西方經濟學經典著作首次完整譯出。1902年，《欽定學堂章程》規定，今後學制三年的高等學堂政科，必須設立『理財學』即經濟學課程，這促進了西方經濟學説引進與傳播。此後，楊廷棟編《理財學教科書》、天野爲之著《理財學綱要》、商務印書館出版的田尻稻次郎著《理財學精義》，均列爲中小學理財學教材。1906年至1908年，政治經濟社等機構出版了《公債論》《租税論》《紙幣論》《貨幣論》《財政學》《計學》《比較財政學》等多種屬於經濟學分支的著作。

法學方面，這一階段譯作特多。從1901年至1911年，共譯法學書籍263種[一]，是晚清社會科學中譯書最多的學科。1902年，清廷命沈家本等遴選諳習中西律例司員分任纂輯，延聘東西各國精通法律之博士、律師以備顧問，復調取留學外國卒業生從事翻譯。於是，清政府有計劃地翻譯大量法律書籍。民間譯書機構或出於社會需求，或出於牟利目的，也翻譯了大批法學書籍。從國際公法、國際私法，民法、刑法、民事訴訟法、刑事訴訟法、行政法，應有盡有。不但一般性的介紹法學原理、法學流派、國際法的著作都有介紹，而且各種具體法規法制，如警察學、監獄學，也很豐富。有的同一種著作有多種譯本，

〔一〕田濤、李祝環：《清末翻譯外國法學書籍評述》，《中外法學》2000年，第3期。

單1903年，《國際私法》就有4種譯本，《國法學》有5種譯本，《法學通論》有6種譯本。1904年至1909年，清政府爲適應法律改革需要，由修定法律館主持審定，翻譯了一大批刑法、民法方面的書籍，包括德國、法國、美國、意大利、日本等國刑法、民法多方面具體法規。1906年以後，中國地方自治聲浪日高，與地方自治相關的自治法規、地方性法規書籍翻譯頗多，諸如《地方自治論》《英國地方政治》《歐洲大陸市政論》《日本府縣制郡制要義》，與地方自治相關的警察書籍翻譯尤多，諸如《最近警察法教科書》《德國警察法》《警察全書》《警察學》《偵探學》。這些書主要自日文譯出，法律也以日本爲多。這一時期引進日本法律最爲全面的一部書籍，即《新譯日本法規大全》，由張元濟、劉崇杰等翻譯，内容相當廣泛，對清末法制改良有着重大影響。

第五階段，1912—1919年。

隨着清廷覆滅，中華民國建立，政治建設、法制建設、公民道德建設等任務提到人們面前，這些方面的譯介著作也隨之增多。與政治建設、法制建設有關的譯作主要有：同是英國莫安仁著、許家惺譯的《英國立憲鑒》(1912)、《英議院權力發達史》(1912)，英國布賴斯著、孟昭常譯《平民政治》(1912)，美國麥萊著、陳其鹿譯的《美國民主政治大綱》(1912)，美國約翰・温澤爾著、楊錦森、張萃農譯的《美法英德四國憲法比較》(1913)，日本田中萃一郎著、畢厚譯《歐美政黨政治》(1913)，美國黎卡克著、梁同譯的《政府論》(1914)、法國路易・普羅爾著、高仲和譯的《政治辨惑論》(1914)，日本齋藤隆夫著、姚大中譯的《比較國會論》(1917)。東方法學會譯編法律要覽叢書多種，由泰東書局出版，包括《民法要覽》《民事訴訟法要覽》《商法要覽》《刑法要覽》等，影響廣泛。

有關公民道德建設的譯作甚多，諸如《國民道德談》（1915）、《道德之研究》（1915）、《品性論》（1916）《泰西改良社會策六章》（1917）、《新道德論》等。其中，英國著名道德學家斯邁爾斯（S. Smiles，1812—1904）多種著作被多次翻譯，包括《勤儉論》（1914）、《克己論》（1915）、《職分論》（1917），葉農生、蔣方震、秦同培等均參與譯事。第一次世界大戰爆發以後，有一批與戰争有關的譯作問世，如《德意志戰論》《開戰時之德意志》《美國總統威爾遜參戰演説》《革命心理》《國際同盟論》。

這一階段，馬克思主義、無政府主義書籍的譯介也有一些，包括1912年施仁榮翻譯恩格斯的《理想社會主義與實行社會主義》，是馬克思主義經典文本在中國早期傳播較爲完整的譯本，是恩格斯的著作《社會主義從空想到科學的發展》在中國的第一次譯介。1919年淩霜翻譯克羅泡特金的《近世科學與無政府主義》。

這一階段，所譯哲學、史學著作，均遠較清末爲少，但文學翻譯勢頭依然很猛。1912年至1919年，共翻譯域外小説250部，散文集35部，戲劇3部〔一〕，涉及英、法、美、俄、德、日、西班牙、奥地利、瑞士、波蘭、比利時、丹麥等國作家，内以英、法作家所占比例爲高，英、法主要作家被譯作品與清末

〔一〕鄧集田：《中國現代文學的出版平臺——晚清民國時期文學出版情況統計與分析（1902—1949）》，華東師範大學博士論文，2009年，第512—519頁。

有延續性，如英國哈葛德、柯南道爾、狄更斯，法國大仲馬、雨果等，增加較多的是美國作家華特生等人的作品，俄國托爾斯泰等人作品也陸續翻譯進來。

以上五個階段，就對中國社會影響而言，每一階段都不能忽略，各有各的影響。但綜合而言，以清末這一階段的影響，最爲廣泛而深入。數以百計的出版機構，數以千計的中譯日書，數以萬計的留日人員，難計其數的雜誌、報紙，將形形色色的西方新學轉口輸入中國。範圍之廣，數量之多，來勢之猛，是此前歷史階段也是民國初年所不可比擬的。這一階段，正是中國廢科舉、興學校的教育體制轉型期，難計其數的各門各科的新式教科書，大多是這一階段編寫的，藍本多取自日本，多取自這一階段的譯書。各門各科的辭典大量引進、編寫，無形中起着規範語言的作用。

四

近代中國被動卷入全球化浪潮之中，遭遇千古未有之變局。在此以前，中國雖然早已與外族有了關係，但那些外族都是文化較低的民族，縱使他們入主中原，到頭來也終歸爲以儒學爲核心的中國文化所化。在中國接觸的世界裏，中國以老大自居，他國也以老大尊之。但是，到了近代，情況大不一樣。中國面對的英國、美國、法國等，絶非先前的夷狄可比。這些對手，既陌生又强大，突兀而來，猝不及防。中國生産方式、生活方式、價值觀念、審美情趣、教育體系、學術體系、語言詞彙，乃至風俗習慣，無不發生深刻的變化。人文社會科學譯著，既是這一歷史變局的産物與證物，也是這一變局的助推器。

以語言詞彙而言，中國今天所用各類新詞彙，大多形成於近代。人文社會科學方面的新名詞，諸如社會、政黨、民族、階級、主義、範疇、系統、規範、唯物、唯心、主體、客體、法學、法庭、民法、刑法、金融、銀行、生産力、生産關係，都是近代出現的，而且大多是從日本移植而來。日常生活所用諸多新詞彙，也主要形成於近代。比如，以『化』字結尾的複合詞，特殊化、現代化、民族化、大衆化、自動化；以『式』字結尾的複合詞，速成式、問答式、簡易式、西洋式；以『炎』字結尾的病名，關節炎、氣管炎、腦炎、肺炎、胃炎、腸炎；以『性』字結尾的複合詞，可能性、現實性、必然性、偶然性、必要性、習慣性；以『界』字結尾的複合詞，文學界、思想界、藝術界、新聞界、出版界；以『感』字結尾的複合詞，美感、好感、惡感、情感、敏感；以『點』字結尾的複合詞，觀點、要點、焦點、重點、出發點；以『觀』字結尾的複合詞，悲觀、樂觀、人生觀、科學觀、世界觀、宇宙觀；以『論』字結尾的複合詞，一元論、宿命論、無神論、唯物論、唯心論；以『法』字結尾的複合詞，辯證法、歸納法、演繹法、綜合法、分析法。還有以『作用』『問題』『時代』『社會』『主義』『階級』等詞結尾的複合詞，心理作用、精神作用、土地問題、社會問題、舊石器時代、新石器時代、奴隸社會、封建社會、人文主義、社會主義、地主階級、農民階級。如此等等，不一而足。

新名詞如此，學科分類亦如此。以『學』字結尾的學科名，財政學、經濟學、生物學、物理學、心理學、家政學、社會學、冶金學，也都在清末定型。

近代譯介的人文社會科學，不但影響了當時的中國社會，而且業已廣泛融入中華文化傳統當中，幾乎無處不在、無時不在地體現於我們的物質文化、制度文化與觀念文化之中，體現於我們的日常生活當中。倘若不信，你且撇開此類新思想、新觀念、新學術、新詞語，寫一篇文章或者講幾句話試試！

鑒此，我們選編了這套《近代人文社會科學譯著選輯》，選擇不同歷史階段較有影響的譯著，分爲五輯，分類如下：1、人文社會科學總論與政治學；2、哲學、邏輯學、倫理學、心理學、教育學；3、歷史學、地理學、社會學、禮俗；4、法學、經濟學；5、文學、藝術、人物傳記。

鑒於嚴復所譯學術名著、林紓所譯文學著作已有多種刊本行世，本書不再收録。

《近代人文社會科學譯著》第二輯第九册説明

本册收録《妖怪學講義録（總論）》，井上圓了著，蔡元培譯，上海商務印書館，1906年出版。

妖怪亦稱妖精、妖魔，通常指神話、童話中的形狀奇怪可怕的有妖術的精靈。此書所謂妖怪，指人們對自然界、人類生理與心理的某些奇異的、無法解釋的現象，並由此而在認識上産生的迷誤。『妖怪學』努力從多方面、多角度，分析論述妖怪現象産生與發展的心理、哲學、生物學等因素，解説産生這種迷誤的原因。

井上圓了，日本研究妖怪學最著名的學者，别名『妖怪博士』〔一〕。他在1886年創建『不思議研究會』，翌年以『不思議室主人』的名義刊行《妖怪玄談》，1891年成立妖怪研究會，1893年至1894年刊行《妖怪學講義》。他查閲了有關妖怪學的四百餘種書籍，遊歷全國六十餘州，進行實地調查，在所設哲學館中建立妖怪研究會，編成《妖怪學講義》。全書分八類，包括總論、理學、醫學、純正哲學、心理學、宗教學、教育學、雜學部門。其意圖是使『讀之者，不但知妖怪之理，亦得藉以窺各學科之大要』。蔡元培中譯本八册由杜亞泉主辦的亞泉學館收買，後因學館失火，原稿被毁，只有總論一册倖存，由商務印書館出版。

〔一〕關於井上圓了生平，參見本輯第一册《哲學原理》説明。

《妖怪學講義録（總論）》最初以《妖怪學講義》爲題，刊載於黄摩西主辦的《雁來紅叢報》1906年的第一至第七期上，以後由亞泉學館購印，但由於該學館失火，譯稿五册均付之一炬，僅餘《總論》一册，由商務印書館印行。

《總論》篇首爲井上圓了所寫的初版序言與再版序言，然後是緒言，論説本書宗旨，内稱妖怪學者，論究妖怪之原理，而説明其現象者也，『妖怪學者，經緯哲學之道理，而向四方上下，開達其應用之道路者也』。正文分總論、理學、醫學、純正哲學、心理學、宗教學、教育學與雜部八門。主要以物理、化學、光學、天文、地質、生物等科學來研究自然界各種怪異現象。書中將妖怪分爲物理的妖怪和心理的妖怪兩種，物理妖怪即物質世界的怪異現象，心理妖怪指心理的各種異常精神感覺。以科學的分析逐一解釋幾百種異常自然現象、幻覺、妄想概念判斷推理上的迷見謬誤，以及感情和意志上衝動所造成的迷誤。理學部門分天象、地理、草木、鳥獸、異人、怪火、異物、變事八篇，分析最易成爲人們迷信徵兆的日月蝕、流星、風霜雷電、地震山崩等自然現象，記録各種奇草異鳥、野人雪人、化石熒火等；醫學部門分人體、疾病、療法三篇，分析人體的奇形變態、木乃伊、各種躁鬱症、妄想狂等；純正哲學部門分偶合、陰陽、占考、卜笠、鑒術、相法暦日、吉凶八篇，辨析那些在近代還盛行的推斷來世、決疑吉凶的占星術、易簽龜卜、骨相風水等；心理學部門分心象、夢想、憑附、心術四篇，詳細介紹人類神經系統的生理構造與職能，説明神經系統的健全與否對人們思想、情緒、思維和行爲的影響，分析人類自身有些無法自主的生理現象，幻覺妄想等心理病態；宗教學部門分幽靈、鬼神、冥界、觸穢、咒願、靈驗六篇，剖析了所謂幽靈鬼魂、天堂地獄、祭祀祈禱、靈驗報應等的本質；教育學部門分智德、教養二篇，講解了遺傳、白癡、神童、偉人以及胎教、育兒法及記憶術；雜部門分怪事、怪物、妖術三篇。

迷信是一種文化的産物，幾千年的歷史繁衍了成千上萬的虔迷者，而要破除這些違反科學的信仰和信念，只有通過科學與哲學。蔡元培正是試圖通過譯述此書以振興教育啟蒙和推進社會道德，他指出反對迷信、建立健全的道德不可無健全的知識，『欲爲國家拂拭迷雲妄霧，必兼開智德二光』，必須『袪人心之迷妄』，普及科學知識；認爲排除這些認識上的迷誤，是發展農、工業與商業這些實業的急務，而對於改善社會日常的風俗習慣、儀式禮法都有重要的價值。

此書譯出總論後，頗受學術界歡迎，到1922年1月已發行八版。杜亞泉在《初甲總論序》中寫道：此書『煌煌巨册，其精思名論，令餘欽佩崇拜，不可名狀。且餘讀是書時，學問上之智識已略進，稍知心理學及生物學之門徑，自覺宇宙間之名理，彙集胸次，使餘心汪洋於其間，而發見一不可思議之真怪，覺哲學上之所謂元，心理學之所爲實體，宗教家之所謂天地神佛、真如法性，清談家、性理家之所稱爲無名、爲無極，無一非此真怪之記號。即物理學之所謂質力，生理學之所謂生命，心理學之所謂心靈，亦無非真怪之一方面之一支脈。而一切所謂物理、生理、心理等之理雲者，乃皆此真怪之産物』。江紹原在《中國禮俗迷信》一書中反復引用此書對迷信問題的分析，認爲該書是日本維新時代，在建設資本主義式工業文明和社會國家時所感到的『妖怪』，或雲迷信的流弊方面的代表。〔一〕張東蓀認爲，蔡譯《妖怪學講義録》是早期引進西方哲學的代表。他把直至二十世紀三十年代中期中國介紹西洋哲學的歷史分爲三個時代，第一個時代即以蔡元培所譯的《妖怪學講義録》爲代表，認爲此書『足以代表那個時代中國人對於哲學的態度，這是西方哲學初到東方來的應有的現象』。〔二〕

〔一〕江紹原：《中國禮俗迷信》，渤海灣出版公司 1989年，頁 10。
〔二〕張東蓀：《文哲月刊發刊詞》，《文哲月刊》第一卷，第一期。1935 年 10月。

妖怪學講義録（總論）

〔日〕井上圓了 著
蔡元培 譯

庚刈

妖怪學講義錄

總論

光緒三十二年歲次丙午

妖怪學講義錄

總論

上海
商務印書館印行

妖怪學講義原序一（初版）

余之發行妖怪學講義也。世人或以爲出於好奇之餘。弄無用之閒談。夫好奇而弄閒談。予雖不肖。亦不屑爲也。余所以及此者。實有不得已者在焉。余嘗以爲吾邦明治之鴻業。一半既成。一半未成。政治上之革新既往。道德上之革新未來。方今天下。法律愈密而道德日衰。鄉曲無賴之徒。有藉壯士以虐良民者。有不學無術。橫議時事。詭譎陰險。無所不至。居然以政治家自任者。有黃口少年。乳臭未乾。僅讀數卷之西籍。生吞活剝。儼然以學者自居者。有貪利無厭者。節義之風。廉恥之俗。蕩然掃地。是豈可無一大革新耶。而革新之道。舍教育宗教將何求。是余所以稟生於宗教界。投身於教育海。日夜孜孜。圖報國恩於萬一也。夫世人之所以亟待教育宗教者。以其心中之迷雲。隱智日之光。不去其迷心。則道德革新之功。實無可期。是又余所以嚮設哲學館。以養成教育家宗教家。今又發行妖怪學講義。以與有志諸君共講究之也。其種目同本館所教授之學科。若館外員諸君。於講義所載之外。更有疑義難解者。宜向本館所設之妖怪研究會質問。其說明或載講義之餘白。或直接回答。若尚有不明者。當於先年大學內所開之不思議研究會員徵各專門家之意見而回答云。井上圓了。

妖怪學講義原序二（再版）

余數年來研究四百餘種之妖怪。分爲八部。既以一年間講述之。而印行其筆記。發行既罄。乃以舊稿再付印。計購讀者之便。就各部門而合綴之。爰揭初版妖怪學緒言之序文如左。

余以獨力乘日業餘暇。爲妖怪學之研究。於茲十年矣。其間自搜四百餘種之書類。由人辱以四百餘項之通告。加之漫遊全國六十餘州。實地見聞者亦頗多。故其材料不爲缺乏。然其中事實可取者。僅十分之一。欲由是以得成效甚難。就此等事實抽象概括而組織一學科。則難中之難也。余不佞遠非所及。惟開其端緒於今日而已。茲不顧拙劣。公妖怪學講義於世。竊冀四方博覽達識之士。寄送材料以助予微志。郵書寄東京市本鄉區蓬萊町廿八番地哲學館。特先題一言以懇請之。井上圓了。

初印妖怪學講義總論序

余自初知學問。涉略理科。常以天下事物有果者必有因。有象者必有體。無不可以常理推之。無所謂妖怪也。於是將幼年所聞妖怪之談論。所受妖怪之教育。洗濯淨盡。又憫家庭之內。社會之間。常窟穴無數之妖怪。思一切掃除之。惟自知學力未足。他人之所謂妖怪者。吾雖常決言其非妖怪。而不能確言其非妖怪之所以然。又不能證明他人所以誤爲妖怪之故。惟覺妖霧漫空。使人迷眩而不知方向耳。聞日人井上圓了氏有妖怪學講義之著。甚見重於其國人。甚有益於其民俗。購而讀之。煌煌巨册。其精思名論。令余欽佩崇拜。不可名狀。且余讀是書時。學問上之智識。已略進。稍知心理學及生物學之門徑。自覺宇宙間之名理。匯集胸次。使予心汪洋於其間。而發見一不可思議之眞怪。覺哲學上之所謂元。心理學之所爲實體。宗教家之所謂天帝神佛。眞如法性。淸談家性理家之所稱爲無名。爲無極。無一非此眞怪之記號。即物理學之所謂質力。生理學之所謂生命。心理學之所謂心靈。亦無非眞怪之一方面之一支脈。而一切所謂物理生理心理等之理云者。乃皆此眞怪之產物。怪乎怪乎。余之心中。前則有理而無怪。今則有怪而無理矣。每讀井上氏之書◎及生物進化精神物理諸論◎常使余心幽焉渺焉◎與此眞怪相接觸◎日夕◎縈念覺心境之圓妙活潑◎觸處自然◎不復作人世役役之想余常思顯此眞怪於我國文字之間◎苦無心得◎乃取井上氏之書譯之◎全書共八大卷◎非一人所易爲力◎曾於前數年◎由蔡先生孑民◎譯其十之六七◎今先將總論付印◎即蔡先生所手譯者◎印將成◎識數語以表其欽慕之意◎

光緒三十一年五月　亞泉學館識

妖怪學講義緒言

妖怪學者。論究妖怪之原理。而說明其現象者也。妖怪者何耶。其義未定。或曰幽靈。或曰神憑。或曰鬼魅。或曰狐惑。或若陰火。若神光。若奇草。若異木。是皆妖怪之現象。而非其解釋也。其解釋。則或云不思議。或云異常及變態。是猶言妖怪卽妖怪也爾。若以之爲定義。則何者不思議耶。何者異常耶。不可不解釋。否則何者可思議耶。何者常態耶。亦不可不考定。然而通俗所指之妖怪。則普通之知識不可知。尋常之道理不可究云爾。然所謂普通知識尋常道理者何耶。知識道理。有高下之別。以何者爲標準。而定此分界耶。是仍不外於不可知不可解云爾。蓋人智所關。必有不可知之境界圍之。是故以妖怪爲全不可知。是研究者愚也。然以妖怪爲無不可知。則所謂可知者。更生種種之疑竇。要之研究妖怪之爲何。而爲之說明。是卽妖怪學之目的而已。

世人多以己所不知者爲妖怪。故甲所妖怪者。乙或不妖怪之。乙所妖怪者。丙或不妖怪之。愚民隨見而其理皆不可知。故事事物物皆妖怪。學者獨知愚民之所不知。故不妖怪其所妖怪。然使學者而云全無妖怪。則學者之妄見也。愚民之有妖怪者。如乘船而行。不知自動。乃認岸奔故學者大笑之。而學者之無妖怪。恰如住息地球。見太陽之上下。不知地球之自轉。而認日動也。以哲眼觀之。不亦笑其愚耶。蓋學者之所不妖怪者。亦一種之妖怪也。仰望天文日月星辰。秩然而羅列者。妖怪也。俯察地理山川草木。鬱然而森立者。皆妖怪也。風之蕭蕭而吟於葉上。水之混混而走於石間。及夫人之相遇而喜相離而悲。何一非妖怪耶。一杯之水。由一滴之露成。一滴之露。由數箇之微點成。微點者由原點成。然問其所爲原點者。何由成耶。則莫能答之。是卽一小怪物也。人身之大。比之於國土。不及滄海之一粟。國土之大。比之地球全體。不及九牛之一毛。地球之大。較之太陽系。其微小非譬喻之所及。太陽系之大。較之無涯之空間。其微小亦非比例之可限。至空間之如何。實人智所不及。是亦一大怪物也。然則小大妖怪。築於兩岸。而人不能出其外。是實眞正之妖怪也。而橋梁於其間者。即人之知識。學者立於橋上。見愚民之蟠於頑石之間。而不知迷其路。遂斷言世無妖怪。抑何所見之小也。

凡妖怪種類。細別之雖不知凡幾。而概括之。則得別爲物怪心怪之二大門。而參以二者互相關係之一種。如鬼火不知火。物怪也。奇夢靈夢。心怪也。催眠術魔法幻術。則物心相關之妖怪也。妖怪種類。世人多以觸於耳目感覺者爲限。而感覺以外。如卜筮人相九星方位。凡關於觀理開運諸術。及鬼神靈魂天堂地獄。凡關於死後冥界諸說。亦皆妖怪之一種也。人所最恐者莫如死。若開生死之迷門。而照死後之冥路。其福利於人莫大也。妖怪學者。實開此門之管鑰。而照此路之燈臺也。且人誰不祈一身之幸福。一家之安全耶。而時時不免禍難。欲豫防之。則又不能前知。於是百方盡力。發見豫定吉凶之風雨針。而卜筮人相諸術。遂行於世。若夫知風雨針之不足恃。而代之以避雷柱。雖際會禍難而無害。利莫大也。是又妖怪學應用之結果也。

妖怪學者。經緯哲學之道理。而向四方上下。開達其應用之道路者也。若點哲學之火於各自之心燈。則從來千種萬類之妖怪。一時霧消雲散。而更見一大妖怪之濯然發揚其幽光。是則眞正之妖怪也。一遇此妖怪之光。而心燈之明爲之奪。如旭日一升。而衆星失其光。乃假名此大怪爲理怪。

理怪者何謂耶。謂由無始之始。至無終之終。迄無限之限。無涯之涯之間。飄然而浮。塊然而懸。自生自存。獨立獨行。靈靈活活之眞體也。莫知其名。而知有其體。知有其體。而不知所以名之。其體也。如可知而不可知。如不可知而可知。是實大怪物也。稱之曰神妙靈妙微妙高妙元妙。不過形容其體所發散之光氣之一部分。或有字之者。老子曰無名。孔子曰天。於易曰太極。釋迦曰眞如。曰法性。曰佛。耶穌曰天帝。神道教曰神。皆不過假名其體之一面。今稱之曰理想。亦一部分之形容。誰能以有限性之衣。顯無限性之體耶。得不名之爲大怪物耶。毋亦勉階梯於有限性之名稱。而想象其裏面所包有之無限性云爾。

吾人仰觀俯察。自然起一種高遠元妙之感想。是卽感接於理想大怪物之光景時也。由是精究於其心。而漸開顯其眞相。遂仰心天渺茫處。惟理想一輪之明月。而見一大世界。盡森立於靈然神光之中。此時始知此世界之爲理想世界也。既知理想世界。而再觀萬有。囀囀之鳥聲。燦燦之花影。皆領得理想之實相。是所謂哲學的悟道也。於是知理想有本體與現象之別。物心萬有者。現象也。現象之於本體。如影與形。須臾不離。謂二者一體可也。故推究萬有而體達其神髓者。直可接理想之光。又悟理想之本體。而照觀目前之世界者。可覺靈妙之露氣。浮於事事物物之葉。三春之花香鳥語。中秋之淸風明月。夏木之蔥蔥。冬雪之皚皚。無非美且妙者。是非理想之眞相。自然鍾發於外界而何。蓋理想本體。爲統轄六合無限絕對之帝王。降物心二大臣於此世界。而使吾人爲二大臣之從屬。吾人知體之由物心二根成固已。及一挑心燈。照見天地。而忽知其所謂二大臣者。全不外於理想帝王之現象。嗚呼。吾人生此美妙世界。終身不觀見其眞相而死者甚多。誠可哀也。若其人點一盞之心燈於暗室。而觀一大天地美妙之光景。破窗敝屋。忽變爲金殿玉樓。衆多苦患之世界。忽變爲仙境樂園。其初見爲妖中之妖。至是而悟爲妙中之妙。示此理於人者。實妖怪研究之目的。而所謂拂假怪開眞怪者是也。

拂假怪而使人得超然獨立於迷苦之門外。開眞怪而使人得泰然安住於歡樂之世界。故研究妖怪之結果。在放眞知眞樂之光明於心內之暗天地。其功誠不讓於鐵路電信之架設也。世人信妖怪者。以爲明確而不容疑。排之者則以爲無根之妄說。然信之者眞之而已。更不證明其所以眞。排之者虛之而已。更不說示其所以虛。是亦獨斷也。否則亦不免懷疑之弊。蓋此二種之間。自有蔀障。甲論者曰。實見妖怪。乙論者曰。是神經作用。而甲何故不證明實見者必眞理耶。乙何故不說明神經作用如何耶。以故世無論文運之進。而舊來之妖怪。依然不改其形。却張其勢。今也余提哲學之利器。而下一刀兩斷之斷案。凡妖怪中有關於物理若生理者。則資諸理學醫學以釋之。以哲學爲礎。以理學醫學爲之柱若壁。而搆成妖怪學之一家。

妖怪學之類。先大別爲物怪心怪理怪之三種。物怪心怪爲假怪。理怪則眞怪也。今之講義。雖從此分類立順序。而其說多取之於諸學。故更設部門如左。

第一類　總論

第二類　理學部門

第三類　醫學部門

第四類　純正哲學部門

第五類　心理學部門

第六類　宗教學部門

第七類　教育學部門

第八類　雜部門

是不過大體之分類。其中雖有關係於二種若三種之部門者。從講義之便宜而揭之。例如幽靈有關係於心理學。而揭之於宗教學部門。巫覡有關係於宗教學而揭之於心理學部門。又如卜筮豫知法間接關係於種種之部門。而以無直接關係之部門。設純正哲學一門以攝之。如妖怪、宅地怪事、怪物。以種種之部門混合。設雜部以攝之。皆從其便而已。且如此分類。於學科上。雖非無不規律不整頓之憾。但本事實以爲種目。不得不設此部門。其種目如左。

第一類　總論

第一篇　定義　第二篇　學科　第三篇　關係　第四篇　種類

第五篇　歷史　第六篇　原因　第七篇　說明

第二類　理學部門

第一種（天象篇）天變　日月蝕　異星　流星　日暈　虹蜺　風雨　霜雪

雷電　天鼓　天火　蜃氣樓　龍卷

第二種（地理篇）地妖　地震　地陷　山崩　自倒　地雷　自鳴　潮汛　津浪　須彌山　龍宮　仙境

第三種（草木篇）奇草　異穀　異木
第四種（鳥獸篇）妖鳥　怪獸　魚蟲　火鳥　雷獸　老狐　九尾狐　白狐
古狸　腹鼓　妖獺　貓又　天狗
第五種（異人篇）異人　山男　山女　山姥　雪女　仙人　天人
第六種（怪火篇）怪火　鬼火　龍火　狐火　蓑蟲　火車　火柱　龍燈　聖燈　天燈
第七種（異物篇）異物　化石　雷斧　天降異物　月桂　舍利
第八種（變事篇）變化　恙蟲　窮奇　河童　釜鳴　七不思議

第三類　醫學部門

第一種（人體篇）人體之奇形變態　屍體之衄血　屍體强直　木乃伊
第二種（疾病篇）疫　痘　瘧　卒中　失神　癲癇　諸狂　躁性狂　鬱性狂
妄想狂　時發狂　覰脫利狂等　髮切病
第三種（療法篇）仙術　不死藥　鍊金術　御水　諸毒　妙藥　秘方　食合

符呪 呪咀 禁魔 呪術 療法 信仰療法

第四類 純正哲學部門

第一種（偶合篇）前兆 前知 豫言 察知 暗合 偶中

第二種（陰陽篇）河圖 洛書 陰陽 八卦 五行 生尅 十幹 十二枝

二十八宿

第三種（占考篇）天氣豫知法 運氣考 占星術 祥瑞 鴉鳴 犬鳴

第四種（卜筮篇）易筮 龜卜 錢卜 歌卜 太占 口占 辻占 兆占 蓍

占 御鬮 神籤

第五種（鑒術篇）九星 天元 淘宮 幹枝術 方本 本命的殺 八門遁甲

第六種（相法篇）人相 骨相 手相 音相 墨色 相字法 家相 地相

風水

第七種（歴日篇）歳德 金神 八將神 鬼門 月建 土公 天一 天上

七曜 九曜 六曜 十二運

第八種（吉凶篇）厄年 厄日 吉日 凶日 願成就日 不成就日 有卦無卦 知死期 緣起 御幣

第五類 心理學部門

第一種（心象篇）幻覺 妄想 迷見 謬論 精神作用
第二種（夢想篇）夢 奇夢 夢告 夢合 眠行 魘
第三種（憑附篇）狐憑 人狐 式神 狐遣 飯綱 管狐 犬神 狸憑 蛇持 人憑 神憑 魔憑 天狗憑
第四種（心術篇）動物電氣 告理 棒寄 自眠術 察心術 降神術 巫覡 神女

第六類 宗教學部門

第一種（幽靈篇）幽靈 生靈 死靈 人魂 魂魄 遊魂
第二種（鬼神篇）鬼神 魑魅 罔兩 妖神 惡魔 七福神 貧乏神
第三種（冥界篇）前生 死後 六道 再生 天堂 地獄

第四種（觸穢篇）祟　障　惱　忌諱　觸穢　厄落　厄拂　驅儺　祓除

第五種（咒願篇）祭祀　鎮魂　淫祀　祈禱　御守　御札　加持　御嶽講禁厭　咒言　咒咀　修法

第六種（靈驗篇）靈驗　感應　冥罰　業感　應報　託宣　神告　神通　感通　天啟

第七類　教育學部門

第一種（智德篇）遺傳　白癡　神童　偉人　盲啞　盜心　自殺　惡徒

第二種（教養篇）胎教　育兒法　暗記法　記臆術

第八類　雜部門

第一種（怪事篇）妖怪宅地　枕返　怪事

第二種（怪物篇）化物　舟幽靈　通惡魔　轆轤首

第三種（妖術篇）火渡　不動金縛　魔法　幻術　系引

以上數種妖怪。依學科之部門。而分爲八類。著之爲哲學館講義。名曰妖怪學講義。其講義照理學哲學諸科之原理。而爲之說明。讀之者。不但知妖怪之理。亦得藉以窺各學科之大要云。

妖怪學講義卷之一上目錄

總論

第一講　定義篇

第一節　開講
第二節　妖怪與不思議之異同
第三節　妖怪與異常變態之關係
第四節　妖怪之標準
第五節　假怪與眞怪之別
第六節　迷誤之原因

第二講　學科篇

第七節　妖怪學之所以未設學科
第八節　學問全體之學科表
第九節　妖怪學之所以爲應用學

第十節　心性與妖怪之關係
第十一節　妖怪學與心理學之關係
第十二節　妖怪學與諸學之關係
第十三節　第一之分類法
第十四節　第二之分類表
第十五節　第三之分類法
第十六節　學科分類之歸結
第三講　關係篇
第十七節　實際上之關係
第十八節　與宗教之關係
第十九節　與教育之關係
第二十節　與政治之關係
第二十一節　與醫術之關係

第二十二節　與實業之關係
第二十三節　與風俗之關係
第四講　種類篇
第二十四節　妖怪之分種
第二十五節　物理的妖怪之種類
第二十六節　心理的妖怪之種類
第二十七節　心理學上之分類
第二十八節　諸學上之妖怪
第二十九節　理學的及哲學的妖怪
第三十節　眞正之妖怪
第五講　歷史篇
第三十一節　妖怪學之歷史
第三十二節　太古之時代

第三十三節　發達之時期
第三十四節　第一時期
第三十五節　第二時期
第三十六節　第三時期
第三十七節　理外的說明法
第三十八節　惟心的說明法
第三十九節　經驗的說明法
第四十節　說明法之歸結
第四十一節　妖怪事項之起原及發達
第四十二節　妖怪歷史之分類
第六講　原因篇
第四十三節　迷誤之原因
第四十四節　妖怪談話之眞僞

第四十五節　智識與妖怪之關係
第四十六節　妖怪與論理之關係
第四十七節　演繹的妖怪
第四十八節　歸納的妖怪
第四十九節　因果與妖怪之關係
第五十節　事實考定法
第五十一節　妖怪總體之大分類

妖怪學講義卷之一中

第七講　說明篇第一

第五十二節　心理學上之說明
第五十三節　物心相關之說明
第五十四節　身心相關之說明
第五十五節　神經系統

第五十六節　感覺及知覺
第五十七節　再想及構想
第五十八節　虛想
第五十九節　感情及意志
第八講　說明篇第二
第六十節　意識論第一　定義
第六十一節　意識論第二　意識無意識之區別
第六十二節　意識論第三　心力與意識之關係
第六十三節　意識論第四　意識之範圍
第六十四節　意識論第五　意識與觀念之關係
第六十五節　意識論第六　意識與社會之比較
第六十六節　注意論第一　注意之義解及性質
第六十七節　注意論第二　注意與意識之關係

第九講　說明篇第三

第六十八節　習慣論第一
第六十九節　習慣論第二
第七十節　聯想論第一
第七十一節　聯想論第二
第七十二節　信仰論第一
第七十三節　信仰論第二
第七十四節　驚情論第一
第七十五節　驚情論第二
第七十六節　恐怖論第一
第七十七節　恐怖論第二
第七十八節　複情論第一
第七十九節　複情論第二

第八十節　複情論第三
第八十一節　想像論第一
第八十二節　想像論第二
第八十三節　願望論第一
第八十四節　願望論第二
第八十五節　意志論第一
第八十六節　意志論第二
第八十七節　意志論第三
第八十八節　情意論歸結
妖怪學講義卷之二下
第十講　説明篇第四　變式的心理學第一　總論
第八十九節　妖怪的現象
第九十節　變態之起原

第九十一節　妖怪之要素
第九十二節　外界之要素
第九十三節　中間之要素第一
第九十四節　中間之要素第二
第九十五節　內界之要素第一
第九十六節　內界之要素第二
第九十七節　情意之異狀
第九十八節　妖怪要素之全表
第十一講　說明篇第五　變式的心理學　各論
第九十九節　感覺論順序
第　百　節　視覺之異象第一
第一百一節　視覺之異象第二
第一百二節　聽覺之異象第一

第一百三節　聽覺之異象第二
第一百四節　觸覺之異象第一
第一百五節　觸覺之異象第二
第一百六節　嗅覺之異象
第一百七節　味覺之異象
第一百八節　有機感覺之異象
第一百九節　知覺之異象
第十二講　說明篇第六　變式的心理學　各論第二
第百一十節　內想之異狀總論
第百十一節　再想之異狀
第百十二節　構想之異狀
第百十三節　虛想之異狀第一
第百十四節　虛想之異狀第二

第百十五節　虛想之異狀第三
第百十六節　感情之異狀
第百十七節　意志之異狀
第百十八節　說明篇結論
第百十九節　眞怪論
第百二十節　結論

妖怪學講義　目錄

妖怪學講義卷之一上

總論

第一講　定義篇

第一節　余不自揣。嘗欲挑一點之心燈。以讀天地之活書。常見一大妖雲。滃然橫於人界。眞理爲之隱其光。道德爲之潛其影。教育宗教政治法律皆沈淪於其中而無效。茫茫昧昧。天地否塞。是即妖怪之迷雲也。此迷雲鎖東洋之天地。鬱而不開。於茲數百年矣。明治初年我國有一時散滅之朕。而未幾欲滅復生。欲散反聚。嗚呼如此。則芙峯之眞面目。不可得而見耶。東海日出之邦。復不能赫然光被於四表耶。三千年來長育養成之元氣。復不能維持保存耶。一思至此。能不慨然。是憂國之士。不可不共盡心竭力以圖國家百年長計之秋也。然所謂長計者。果由何道耶。惟進社會之道德而已。方今道德大革新之期已迫。殆將一掃社會。而東洋各國之人民。猶徬徨於妖雲妄霧中。不知道德光明之新天地在於何處。夫眞正之道德。不可不待健全之智識。故大賢蘇格拉弟氏曰。知識之光如日。道德之光如月。月雖因日而明。而兩光相待。天地始現美妙之光景。故吾人不可不爲國家拂妖雲妄霧。開智德之二光。儒教謂之智仁。佛教謂之悲智。其意一也。今欲開顯此二光。於社會之上。誠教育家宗教家之事。欲救此兩家之沈淪。而爲之前驅。夫非妖怪學研究之事與。

且夫妖雲鎖天心。而智日隱其光者。非獨一般人民之罪。學者亦不免其責也。世之學者。概遺邇而求之遠。舍卑而取諸高。豈以尋常卑近者。其理既明。不復待解說歟。實則不然。尋常卑近之理。尙多不明。隨處有使人眩惑者。顧未聞解說之者何耶。是非諺所謂燈臺基暗。又古賢所謂道在邇而求諸遠者耶。羅大經鶴林玉露所載曰。盡日尋春不見春。芒蹊踏徧隴頭雲。歸來笑撚梅花嗅。春在枝頭已十分。今日之學者。得毋多是背枝頭之春。踏隴頭之雲之類耶。雖然。學問之道。固貴窮高遠。不可以卑近自畫。要之登高自卑而已。今夫燈之用在照遠。而亦不可不照近。使其光朦朧而不能照其基。宜用反射鏡之力。學亦似之。然則於尋常卑近之事。爲學術界之反射鏡者何耶。曰妖怪之研究是也。其事雖似卑近。其理頗高遠。多世人所不能明者。且使學者知此卑近之事。胚胎於希有之眞理。決勿度外視之。則所以計學問之普及。而開道德之新世界於眞理之月下者也。

第二節　妖怪與不思議之異同　今所謂妖怪者。非限於通俗之所指。而主要問題。實在天地之起源。萬有之本體。靈魂之性質。生死之道理。鬼神冥界之有無。吉凶禍福之原理。榮枯盛衰之規則。天災地變之理由。迷心妄想之說明。賢愚資性之解說。其幽靈狐憑天狗等。不過附屬之問題。而其解釋。則皆本於學術之道理。其目的則在於應用之以進國民之福利也。

夫通俗所爲妖怪者。何義耶。卽一切不思議之義。不思議者何耶。人智所不可測者是也。然則妖怪與不思議之意義全同乎。曰否。徵之通俗之言。不思議者。未必皆爲妖怪。若天神。若宇宙。稱之不思議。未聞稱之爲妖怪者也。然則世間之所謂妖怪者果何物耶。有嘯於梁。燭之無所見。有立於堂。視之無所睹。或若動物之化石。死者之現形。是皆妖怪之屬也。然則以未知爲妖怪乎。曰否。凡宇宙間之事。有可知者。有不可知者。不可知者。則人智所必不能知。所謂不可思議者屬之。而可知者。則人智所得而知。其旣知者。謂之旣知。未知者。謂之未知。而未知亦未必爲妖怪也。凡人雖或不知水何由生。火何由成。而不以之爲妖怪者。日接於吾人之耳目。雖未知其理。亦不妖怪之。

第三節　妖怪與異常變態之關係　夫不思議者。未知者。未必妖怪之。然則妖怪者。異常或變態之義歟。曰。通俗所謂妖怪。較近此義。凡世人於平生耳目所不慣接者。多謂之妖怪。例若狐狸之化人。或死者之髣髴現形是也。雖然。徒異常變態而已。則亦有不妖怪之者。何則。有人遇生平未見之外國人於街衢之間。不呼之爲妖怪也。然則妖怪者異常變態。而其道理不可解。屬於所謂不思議者。約言之。兼不思議與異常者也。

第四節　妖怪之標準　妖怪之定義。既爲異常而且不思議。然則何以分不思議於思議。區異常於尋常耶。曰。是決無一定之標準。何者。通俗之所謂妖怪。隨人與世而變遷。甲之所妖怪。乙不妖怪。昔日之所妖怪。今日不妖怪之。則妖怪之有無。非在物而在人。非在於客觀。而在於主觀。妖怪之爲物。實無一定之標準。妖怪之標準。卽人之知識思想是也。夫下等人民之所以每多妖怪者。以知識淺而經驗少。所見聞異常者多也。是蜀犬見日而吠之類耳。其人而智識進。經驗富。則以其明事物之理。而所謂不思議者異常者難得。妖怪亦從而少。是其所以隨人與世而變也。

第五節　假怪與眞怪之別　愚民認不眞之妖怪爲妖怪。學者知其非妖怪而不妖怪之。則今日通俗之所謂妖怪。不外誤信。不可名之以妖怪。而宜名之以迷誤也。然在學者。其知識明睿。罔無迷誤之理。遂可謂學者之眼中無妖怪耶。曰。妖怪有假怪有眞怪。若解妖怪之意義。爲不可思議耶。則學者。固不能删抹不可思議之一義。雖如何明睿之學者。猶不能無妖怪。此妖怪者。非由世與人而變。故謂之眞怪。而以通俗之迷誤爲假怪。於緖言中謂妖怪學之目的。在掃假怪開眞怪者是也。要之妖怪之定義。以通俗解之爲異常變態不思議。由學理上解之爲迷誤。蓋假怪之義爲異常。而對於眞怪。則爲迷誤而已。

第六節　迷誤之原因　迷誤何由起耶。由論理之誤謬起也。論理之誤謬。雖有種種原因。不外於誤用左二條之關係。

第一　部分全體之關係

第二　原因結果之關係

論理之作用。在於由全體及部分。由部分及全體。或就原因尋結果。就結果求原因。是故於全體確實者。於部分必確實。演繹論法之所以起也。本原因結果之關係。而考索原理原則。歸納論法之所以起也。然非原因而誤爲原因。非部分而認爲部分。種種之迷誤。由是生矣。

第二講　學科篇

第七節　妖怪學之所以未設學科　妖怪學者。有科學之資格者也。而世間固無此一科之學。是由學者之研究。不及於是也。雖然。既有妖怪之事實。本此事實。而考究其原理。是不可不謂一種之學。若由今研究之始。而步進一步。則他日現一科獨立之學於學界上。蓋不難期矣。故予以此爲將設之學科。而欲開其端緒也。今欲定其學科之位置於學界上。當先揭學問全體之學科表。

第八節　學問全體之學科表　學問全體之學科表。在昔學者。各異其所見。予今由自定之學科表。而定其位置。其表有二樣之別。

- 理學
  - 理論學
    - 物理學
    - 化學等
    - 天文學
  - 應用學
    - 器械學
    - 製造學等
    - 航海學

- 理學
  - 有形理學
    - 理論學（同上）
    - 應用學（同上）
  - 無形理學
    - 理論學（同上）

- 學
  - 哲學
    - 有象哲學
      - 理論學：心理學、社會學等
      - 應用學：論理學、倫理學、算學、教育學等
    - 無象哲學
      - 理論學（純正哲學）
      - 應用學（宗教學）
  - 應用學（同上）

- 學
  - 哲學
    - 理論學（同上）
    - 應用學（同上）

第九節　妖怪學所以爲應用學　此二表者其實同一。惟因分理學哲學之區域有廣狹而見其異耳。（其詳見佛教活論本論第二篇顯正活論）於此表中求妖怪學之所屬。則心理學之應用學也。妖怪學實兼理論應用之二者。就妖怪之事實。而考定其原理原則。爲理論學。用既定之道理。以說明事實。爲應用學。今之研究。雖亦兼此二者。而以其原理原則。尚待考定。僅藉各種科學所考定者以說明之。故屬之於應用學也。心理學於學科表中。在第一表屬有象哲學中之理論學。在第二表則屬無形理學中之理論學。故妖怪在第一表屬有象哲學中之應用學。在第二表則屬無形理學中之應用學也。

第十節　心性與妖怪之關係　凡妖怪有屬於物者。有屬於心者。若天變地異。草木禽

獸之變態異狀屬於物者也。謂之物怪。又若幻覺妄想精神諸病。屬於心者也。謂之心怪。雖然。物怪亦觸於我之感覺而後生。應於我感覺之狀態而變化。決非全離心性而存。且如先者定妖怪爲迷誤。則屬於心性明矣。夫心性有智情意三種之作用。而妖怪屬其中之何種耶。則屬於智也。前所謂部分全體之關係。原因結果之關係者。卽智之作用。妖怪之生。則由智力之誤用。是其所以爲迷悟也。雖然。情意亦非全無關係者。妖怪之起。間有情意。而作用之影響。於情若恐怖心。於意若決斷力。大有關係於妖怪之原因者也。左傳有怪由人興之語。要之妖怪之起。物心二者中。心理之關係最多。心理中智其主因。而情意爲之助因也。

第十一節　妖怪學與心理學之關係　妖怪關於心理。則其學與心理學有關係。若以妖怪爲心理之變象。則其學爲說明心理學中之變象。當名之爲變式的心理學也。然妖怪學本心理學之應用。而心理學之應用。猶有論理學倫理學審美學教育學。論理倫理審美爲心性作用之智情意各種之應用。以眞善美三者爲目的。教育學者智情意總體之應用。以人心之發達知識之開發爲目的。然對此等之應用學而言。則妖怪之應用如何耶。今舉示應用之別如左。

第一種之應用由理論向實際。

第二種之應用。以理論中既定之規則。應用於未定及誤解之道理上。

此第一種。爲論理倫理之應用。第二種。爲妖怪學之應用也。然則妖怪學者。以既定之規則。而應用於未定者。似與論理學中之演繹論法同。而其既定之規則。卽由演繹歸納兩法之所定應用之於誤解誤用之理也。卽由眞正演繹歸納所論定之道理而以正誤謬之道理也。故比之第一種之應用。爲心理學理論上之應用學。

第十二節　妖怪學與諸學之關係　妖怪學雖爲心理學之應用。是謂其主要之點耳。若遍舉其所關係。不可不爲理哲諸學之應用學。但其應用非在實際而在理論。例如說明物怪。當應用理化天文地質動植等諸學之原理。而爲之說明。又發於人身之妖怪。不可不應用生理。若醫學之原理。又在心理中言之。心性之本體。固非在心理學之範圍。不可不待純正哲學。前所謂眞怪由純正哲學之應用而得知卽是也。又關於死後之冥界天道地獄靈魂等問題。必以宗教說明之。故妖怪學。狹言之爲心理學之應用學。廣言之則百科諸學之應用學也。而今者以心理學爲牙城。理學爲前門。純正哲學爲後門。以說明之。

第十三節　第二分類法　由是觀之。以妖怪學爲心理之應用。不過學科中之一方法。故名之第一分類法。若以其學爲諸學之應用。更當設第二分類法。第二分類法者。以妖怪由誤用諸學之原理而起。則當知諸學研究之道有二。卽論究其正當道理者。及辨說其誤解道理者。二者相分。予姑名前者爲正式正則之學。或常態學。後者爲變式變則之學。或變態學。既以妖怪學爲變態學。其學也不存於智者學者之上。而存於愚民通俗之間明矣。然則智者學者之學何在乎。是予所謂正式學也。夫事物有正變兩則。學問亦不可無此兩道。而匡正世間之迷誤。雖爲教育學幾分之目的。然今日實際之教育。直以學理上抽象的道理。應用於人智開發上而已。未應用於妖怪之事實。是由妖怪學未起。故也。換言之。則今日之教育學者。正式之應用。而非變式之應用也。且今日之敎育。其區域甚狹。僅以學校教育爲目的。若廣對社會。就種種妖怪之事實而爲之說明。非別設一科專門之學不能。是變式學之所以對正式而起也。

第十四節　第二分類表　如此論定而設其分類於學科上如左表。

- 學
  - 正式學（常態學）
    - 理學
      - 物理學化學
      - 天文學地質學
      - 動物學植物學生理學等
    - 哲學
      - 有象學（心理學）
      - 無象學（純正哲學）
  - 變式學（變態學）
    - 理學的（物理等之諸學）
    - 哲學的
      - 有象的
      - 無象的

是第二分類之學科表也。此中雖有正式學。關於智者學者。變式學。關於愚民通俗之別。而智者學者。猶不免多少之迷誤。故非完全之智者學者。亦得應用之。要其學以正式學所確定之理則爲尺度。而檢正通俗民間之諸迷誤者也。

第十五節　第三分類法　以上分類之外。更有一種之分類。夫妖怪學者。可以測定人智發達之程度。其於人智也。不問古今東西。苟有言語歷史之存。皆得測定之。不僅限於一人一代。蓋迷誤之多少。關於人智發達之高下。人智未開。迷誤之種類甚多。且其去理也甚遠。隨人智漸進。而迷誤漸減。益近於理。由是考之。妖怪學者。與歷史學。與人類學。有密接之關係。人類學爲人類全體之學。對照動植物而論人類之性質事情者也。對之而有人種學。論人種中之一人種與他人種之關係異同者也。雖然。妖怪學者。非限於一人種。通人類全體而研究其智力論理之發達者。不可屬於人種學。至人類學者。不獨智力而已。廣涉於身心各種進化之事。則以妖怪學爲人類學中之一種學可也。又其所以與歷史學有關係者。歷史學與人類學。異其性質。非考究天地間一種之生物的人類之進化，而就一國民的發達之人類。卽成社會進文明之人民。而考究其社會外界與思想內部之進化者也。論其內部之進化者。卽歷史哲學。今妖怪學爲測定人智程度之學。當屬於內部。雖然。亦有所異。蓋妖怪學者。就外界所現之風俗習慣上。而論人智之程度。非論思想者。故又近於社會學。要之。妖怪學。以關於人類社會。與人類學、歷史學、若社會學。有密接之關係。而得爲一科獨立之學。何者。歷史人類等諸學。廣成立於人間相互之關係。而於物心內外相互之關係。及一箇人之思想觀念。對宇宙萬有而變其狀態。及就諸現象變化。而異其解釋之程度。皆未及考究而有待於妖怪學者也。

第十六節　學科分類之歸結　由以上所述觀之。妖怪學之分類。有三種之方法。第一種。為心理學之應用。第二種。為諸學之變式變態學。第三種。關於社會人類諸學中之一科。而第一第二分類。於一箇人上考定之。第三分類。於社會歷史上定之。是故狹言之為心理學之應用。廣言之為諸學之應用。非徒一人一代知識之發達而已。實就衆人數代之發達。而闡究其理者也。

第三講　關係篇

第十七節　實際上之關係　前講所載。學科上之關係也。在實際上。則妖怪學於宗教教育道德政治醫術實業風俗儀式等。皆大有關係。其結果也。在增進人數之幸福。圖宗教教育道德政治之改良。而進斯世之文明。故其裨益於世。不多言而可知。

第十八節　與宗教之關係　凡世之信宗教者。多為迷信妄想之所支配。而由是以招弊害。如以神力為無量無限。祈之則不善而得福。為惡而免罰。往往見之。抑世間事變。有人力可左右之與不可左右之者。然人常欲以神力左右其所不可左右者。以恣慾念。償野心。嘗據所聞。有於神社佛閣。喜捨數十金。更不告姓名者。雖如出單純之信仰。而其中或由盜賊及不正之行爲。獲過分之金。以畏神罰而捨其一部分者。要之宗教妄信之害。第一。有使人當勉不勉。而祈僥倖之弊。第二。有增長慾心。強起自利心之弊。第三。有犯罪惡而不自責。反祈神佛冥護之弊。凡此等皆由迷信妄信來者也。而迷信之時。非無由信天道地獄之賞罰。而因以制惡心。進善道者。然是亦不能無弊。有偏信之甚。而漫然患死。且又妨智力之發達者。加之世間狡猾者。多乘之。而以種種之方法。營其私利。故由今以後。宗教之信仰。不可不本道理。而除迷信妄信之弊害。是妖怪學之目的也。縱令今日之宗教。尚無前弊。終未可謂眞正宗教之行。何則。今日之信宗教者。大抵畏死後之賞罰。或欲免現世之不幸。是亦一種之迷信也。若告以無此果報。則鮮復信之。夫宗教之目的。非獨於死後而已。又非以免現世之災厄之謂。實以與無量之快樂於精神上者也。此快樂者。在有限相對之世界。決不可望。惟由想定無限絕對之世界。接觸而起耳。考之人心作用上。不由有限的智情意。而爲無限的智情意之所感。知宗教信仰者。開發此無限性於人心中。開絕對門於精神界者也。然今日一般之宗教。成立於有限相對上。甚至有成立於有形上者。其信仰皆以私利私欲有形上之幸福快樂爲目的。故謂之迷信妄想。欲除此弊。而開現宗教之眞面目則即研究妖怪者之目的也。

第十九節　與教育之關係　世人多因對目前之世界而不知天變地異之本於何理。而起種種之妄想。而其心大爲之不安。送一生於戰戰兢兢之中。是之謂萬有上之迷誤。又人以不知吉凶禍福之本於何理。謂不可以人爲左右之。而信卜筮人相九星方位等之妄談。有益增自利心之弊。是又人生上一種之迷誤也。以上之迷誤。大妨文明之進步。且害事業之發達。而約言其迷誤所生之結果。則爲不快樂不道德二者。然學術上明其道理而醫其弊害。雖普通教育者之責。而今日之教育。未得達其目的。故予今盡力於妖怪學。開示此理於人世。以應用之於教育上。於世不無小補。而妖怪與道德之關係。亦準之而可知矣。

第二十節　與政治之關係　曩解妖怪學爲解説迷誤之學。而今所論宗教教育上之迷誤。不過生於一箇人之上。謂之箇人的迷誤。對之有社會國家上之迷誤。謂之社會的迷誤。於此不得不分箇人的妖怪社會的妖怪之二種。今考社會的妖怪於政治上。迷見謬論者。即一種之妖怪也。例如誤解權利。自由平等之意義。而有社會黨共產黨虛無黨之一種之迷誤。即妖怪也明矣。然則妖怪學之考究。亦得排除政治上之謬理。而本講中要唯說箇人的妖怪之意而已。

第二十一節　與醫術之關係　在今日下等無知之愚民。以未知疾病之由。乃以宗教上之迷信解釋之。人之病也。以爲鬼神或妖魔之所爲。不用診斷及服藥。而欲以祈禱及符咒療之者頗多。諸病中如疫瘧癲癇。其他諸精神病。全信爲鬼神或狐狸之所憑依。至其治療用種種奇怪之方法。是愚民治病上之迷誤。而其所生弊害。第一。不注意於衞生。第二。不注意於治病。本服藥可治之病。而一任祈禱符咒而不顧。醫此等之迷誤。而除其弊害。亦妖怪學之目的也。

第二十二節　與實業之關係　實業者。農業工業商業之義也。既於宗教教育有迷信妄想之弊害。遂延及於實業上。不勉己業。徒祈請於神佛。農夫不事耒耜而望豐年。匠工不善技術而欲贏利。商賈不勞肩背而欲壟斷私利。如此迷信。大妨實業之進步。而影響於國力之消長無疑。故對實業而排此迷誤。爲今日之急務。是亦妖怪學之目的也。

第二十三節　與風俗之關係　社會日常之風俗習慣儀式禮法。多有由迷信妄想而成立者。如楹帖必書吉語。歲時忌說死亡。其例甚多民間之常事。社會之儀式禮法。多由此等迷信組織之迷信之極。遂畏首畏尾戰戰兢兢無一日之平安以亘一生。人間之不幸不利。莫大於此。故說明其道理而與人以安逸者。亦實今日之急務而妖怪學之目的也。

第四講　種類篇

第二十四節　妖怪之分類　凡哲學上分類萬有。常以物心二者。儒家謂之內外。佛教謂之色心。蓋宇宙間之事物。不外有形質與無形質兩種。開我目而觀於外。爲有形質之體。謂之物質。閉我目而動於內。爲無形質之體。謂之心性。今妖怪亦照此而分之。例如天變地異爲物理的妖怪。精神諸病。爲心理的妖怪是也。若詳言之。則由有形的物質之變態異常而生者。名物理的妖怪。由無形的精神之變態異常而生者。名心理的妖怪。雖然。其所謂妖怪者。實非妖怪。而世間誤認之爲妖怪。予謂之物理的迷誤。心理的迷誤。是妖怪學所以爲解說迷誤之學也。

第二十五節　物理的妖怪之種類　物理的妖怪。其種類甚多。有現於天象上者。有現於地殼者。有現於植物上動物上水火金石空氣上者。予爲從學科而分類如左表。

物理的妖怪
- 物理學的妖怪　如由光線之反射屈折等而生變象當用物理學說明之者
- 化學的妖怪　如由諸原質之抱合分解而生變象當用化學說明之者
- 天文學的妖怪　如彗星流星等屬之
- 地質學的妖怪　如化石結晶石等屬之
- 動物學的妖怪　如雌雞化雄之類
- 植物學的妖怪　如桑穀共生之類

其他人身搆造機能上之變態。以屬於生理學。謂之生理學的妖怪。

第二十六節　心理的妖怪之種類　心理的妖怪。其種類亦甚多。有考於事實上者。有考於學理上者。今先由事實上之分類爲左三種。

第一種。卽現於外者。幽靈、鬼神、惡魔、天狗之類。

第二種。卽由他人之媒介而行者。巫覡降神、術人、五星、方位、卜筮、祈禱、察心、（或稱讀心術）催眠之類。

第三種。卽發於自己之身心上。夢、眠行、神通、幻覺、妄想、諸精神病之類。

其中第一種之幽靈鬼神等。縱發於精神作用。而大抵信其爲外界之所存。不與夢、眠行、等。故區別之。其第二種爲我身心之事變。有他人考察之。第三種則不待他人媒介。自發於身心上。兩者自有所異。是亦不得不區別之。但第二種第三種者。僅由他人之媒介與否之異而已。其所目的。皆在我身心上。與第一種之現於外界者不同。故表之如左。

心理的妖怪
- 外界　幽靈、狐狸等
- 內界
  - 他人　巫覡、降神、等
  - 自身　夢、眠行、等

外界謂我目前之物質。內界謂我體內之精神。（卽心性）而外界之妖怪。實皆內界精神作用之所生。外物者。特其誘因助因耳。故心理的妖怪限於內界所發現。若眞存於外界者。是非心性而物怪也。

第二十七節　心理學上之分類　次舉學理上之分類。本心理學而隨心象之種類以別之如左。

第一種。表現的妖怪。（感覺及知覺上之妖怪。卽幻覺妄覺）。

第二種。再現的實想上之妖怪。（再想及構想之妄見妄想）。

第三種。虛想上之妖怪。（概念斷定之迷見謬論）。

第四種。感情上之妖怪。（由感情生之迷誤）。

第五種。意志上之妖怪。（屬意志之迷誤）。

此五種皆屬人心之迷誤。第一種迄第三種爲智力上之迷誤。是妖怪之主因也。第四種第五種爲其助因。然以智情意之三作用。互相混淆而起。在實際上。決不能分別爲三種之迷誤。

第二十八節　諸學上之妖怪　心理的妖怪。不僅在心理之現象。不能概以心理一科解釋之。例如由精神病發者。不可不借生理學精神病學之說明。又關宗教上及虛想之妖怪。不可不借宗教學及純正哲學之說明。故更揭左表以示其種類。

心理的妖怪
- 病理的（屬於精神病者）
- 迷信的（由宗教上妄信而生）
- 經驗的（平時經驗事實上偶合適中者）
- 越理的（想定爲理外之理在人智以外者）

分配之於學科。得別爲生理學的、醫學的、宗教學的、心理學的、純正哲學的。其外可更加教育學的之一類。

第二十九節　理學的及哲學的妖怪　更考之於學問上。前所謂物理心理二種之妖怪。名之爲理學的妖怪及哲學的妖怪則適當。今以學科分配之如左。

妖怪
- 理學的
  - 物理學的　化學的　天文學的
  - 地質學的　植物學的　動物學的
  - 生理學的（或醫學的）
- 心理學的

哲學的 ｛ 宗教學的 / 純正哲學的 / 教育學的

其他若細論之。亦得加論理學的、倫理學的、美學的、社會學的、政治學的、之類。今姑略之。

第三十節　眞正之妖怪　由諸學理上按妖怪之原理。乃有所謂超理的妖怪。究非人智所能窺。則惟謂之不可思議已耳。蓋其妖怪者。極對之大怪。其胎內包有一切之妖怪。世間種種之妖怪。尙不足爲其一分子也。然則其大妖怪何物耶。狐耶狸耶天狗耶。狐狸天狗。其形可見。其聲可聞。可握可搜。是未足稱妖怪。而其所謂大妖怪者。師曠之聽不可聽。離婁之明不可視。公輸子之巧不可奈何。無聲無臭。實妖怪之至精且至大者也。此至精至大之體。一動而現二象。一名之心。一名之物。此二者互相交接。而隱見起滅於其間者。不過小妖怪耳。所謂小妖怪者。如波石相激而躍白雪。是覩者之所誤認爲白雪。非眞白雪也。世所信爲妖怪者。猶此白雪耳。故余謂其所謂妖怪者。非眞正之妖怪。而現出此妖怪者。乃獨眞正之妖怪耳。若吾人欲接見此眞正之妖怪。宜一掃此僞妖怪。而待半夜風波靜定時。看取眞理之月影於良心之水底。是吾人接觸於理想眞際之時也。余以此理想之本體爲眞正大妖怪。單稱之爲眞怪。對此而名僞妖怪爲假怪。如緒言中所述。是已。若吾人於外界觀察千萬無量之物象而洞達一貫於裏面理法之中。想見其實體如何。亦得接觸此大妖怪。抑此妖怪者。於物心相對之雲路上。遙凌三十三天。須彌山上。尙高幾萬由旬之處。開一大都城。理想爲其帝王。降物心二大臣於此世界。支配千萬無量之諸象。是眞妖怪之巨魁。吾人不得不究盡者也。不究之。決不能盡妖怪於世上。而三十三天猶高遠。況理想之都城耶。然則何所階梯而得昇之耶。曰實驗與論究。此二者由物心二大臣差遣於理想朝廷之使節。若吾人欲昇其都城。不可不隨此使節。而其使節。不能入關門以內。故吾人不能不以關門爲限。果爾則不能爲世界斷絕妖怪之根由。吾唯有掃去假怪。開現眞怪而已矣。

第五講　歷史篇

第三十一節　妖怪學之歷史

由是欲本諸學之原理。說明各種之妖怪。不可不自古代原人蠻民之所解釋。以至今日之諸說。次第說明之。茲謂之妖怪之歷史。

第三十二節　太古之時代　妖怪學之起原。非與人類同其始。蓋太古之人。未知物心之爲何。見萬有而不知所以可怪。物心一致。彼我無別。如未滿四五歲之幼兒。蠕蠕蠢蠢。徒棲息於兩間。實可謂無思無慮之時代。在此時代。安有所謂妖怪耶。凡人之性。智力僅發育。則一種疑念動於內而刺激思想。遂進而欲說明四圍之萬象。妖怪學者。人智漸進。而物心內外之別漸生。至於見果求因。知因求果而始起也。在此時。則萬有悉爲妖怪。日月亦妖怪。星辰亦妖怪。風雨山川亦無不妖怪。故勉爲之究其原因與釋解。苟不得其釋解。則胸中一種之疑團。終不能散。而一日不能安其心。是百科諸學之所以起於世也。雖然。由今日觀之。所說明者。一切迷見耳。妄想耳。未足以爲學說。是即妖怪學之起原也。夫如此說明。雖不外於迷誤。亦於其中胚胎多少之眞理。不容疑慮。蓋不說則已。苟有說明。必本就因探果。就果求因之理。如古代蠻民。見羅天數萬之星。解爲雨零之孔穴。見空氣之遊動而爲風。解爲天地一大活物所呼吸。雖不過妄說。亦以原因結果之理解之也。而其說之妄。則由於應用此理之誤謬。此等誤謬。在今學術發達之日。尙往往見之。何獨咎古代耶。而考究其誤謬。卽妖怪學之目的。所以先解其學爲變式學也。

第三十三節　發達之時期　古代蠻民。爲宇宙萬有之說明。以至今日。因一切智力之發達。其說明遂次第進化。由不完全之說。漸得完全之說。今分此發達之年代爲三大時期。嘗聞法國哲學者康脫氏。以由古代至今日。分爲神學時代、形而上學時代、實驗學時代、之三時期。予倣其例云。

第一時期　感覺時代　（智力之下級）

第二時期　想像時代

第三時期　推理時代　（智力之高等）

是本心理學中智力之發達而次第之。不問其何國何人。其實際必由此順序與否。雖未斷定而從進化論之規則。不可不以此序之。

第三十四節　第一時期　感覺時代。其解釋萬有。皆以吾人所得感覺之形質上說明之。蓋當時人智未能爲無形無質之想。一切事物。皆以爲在感覺以內經驗以內。縱令知物心二元。而亦信爲有形質。於物質上說明之。彼英國哲學者斯賓塞爾氏所著社會學初編。述宗教之進化。唱一身重我說。此說大資研究妖怪學之參考。今略述其大要。古代人智。未能作無形之想。若夢者人所難解也。夫夢者。我身體在此。而得見遠方晤遠方之人。有大不同於平時者。蠻民乃下之以一種之見解。謂我體有二樣。其中一我在此處。而他我遊彼處。名之一身重我說。重我者。我有二種之體。二者相合而成此一身之義也。而晝間二我相合而現作用。夜間一我在內。他我遊外。以此理解釋夢之現象。而又以當時未能想像無形。以其二我爲皆有形。遂推此理而及人之死。以爲死與夢同。亦由一我在此他我遊彼而起。但其與夢異者。他我所遊。比夢更遠且久而已。以此在夢境時得隨意喚醒。一及於死。雖如何大聲疾呼而不蘇生。乃由死時他我出遊甚遠。呼聲不能達故也。其他患病失神癲狂狐憑等。皆以重我說爲之說明。夫知人一身由甲乙二我而成。又以甲我在而乙我得出於外。則想此人之乙我出於外。他人之乙我得入其中。卽如癲狂者。其人之舉動。比於平生全若別人。則以爲當自己之乙我出遊。而他人之乙我入來也。又既乘自己乙我之不在。而他人之乙我得入來。則若他人之乙我力强。而能制自己之乙我。雖自己之乙我存在。而他人之乙我亂入。亦無不可。因推此理爲諸病之說明。謂患病之人。雖自己之乙我存在。而有苦之者。不能自除。則因他人之乙我入來。而制自己之乙我也。一切之事。皆以有形之道理證明之。是謂感覺時代之說明。蓋在當時。人既知死後之有世界。而信其世界仍在於我之感覺上。與現在世界相同。其入鬼籍也。如今日現在世界。由一地方移住於他地方。是皆形質上之說明也。由此時代漸進。而想象鬼神。尙以鬼神爲有形質。而特較人類之性質爲增大。例如雷神具大鼓。雨師攜水瓶。雹母握明鏡之類是也。

第三十五節　第二時期　及人智漸進。又知實際上不得僅以有形質解說之。自然想像至於無形質之處。而此想像之始。先以有形質者敷演增大。而搆造未經驗之新影像。蓋感覺上所見聞而再現之者。曰再想。彼乃取捨增減其再想。而搆造新影像。則爲搆想。是所謂想像也。及想像作用漸進。而有形質影像。更變而近於無形質。終至作感覺以上經驗以外有無形世界之想。於此。不但物心二元中。以心元爲無形之想像而已。鬼神與死後之世界。皆得爲無形之想像。在第一時期。則信風雨山川。皆各有其靈。而爲有形之多神。至此其想像漸移於無形。不獨以多神爲無形。而且想定於多神之上。更有一神。此一神之體。支配物心二者。而一切現象變化。皆其所創造。或媒介也。故在此時代。妖怪之說明。皆歷之於神力之干涉媒介。或由其啟發感通。是雖由重我說進一步。而尚未達學術上之說明。其說明也。屬於想像作用。而未爲論理思想之作用。蓋想像者。不履論理之階梯。而虛搆空想。及人智愈發達。而推理力完全。則於其說有不能滿足之感。是所以進而至第三時期也。

第三十六節　第三時期　第三時期。爲智力大發達之時代。不虛搆想像。而爲確實推理。由卑近及高遠。由有形及無形。由感覺以內及感覺以外。是全今日學術時代之解釋也。今日之解釋。本宇宙萬有之天則天法。由精密而又確實之論理。說明種種之現象變化。妖怪之解釋。遂至此而一變。其在第一時期。通萬有各體內之他元。而歸其原因者。重我說是也。在第二時期。通萬有各體外之他體。而歸其原因者。鬼神說是也。然在第三時期。既不求之於在內之他元。又不求之於在外之他體。而卽以萬有之固有規則若道理。爲其原因。今所講述者。在用此第三時期之解釋法。而爲之說明耳。

抑此時期。又有種種之說明法。其第一。理外的或神秘的說明法。第二。唯心的或理想的說明法。第三。經驗的或自然的說明法。是也。而第三時期之眞面目。卽在此三種。各述其大要如左。

第三十七節　理外的說明法　以道理上言之。宇宙間有理內之理與理外之理。又有可知的與不可知的之二者。既爲學者之所許。然則吾人智力固非無限者。因是而謂妖怪卽理外之理。到底非人智所能知。惟歸之神力之不可思議。而屬於神祕者。其知之也。不可不用神人感通、天啟直覺之理外的說明法。宗教學者之解釋多屬之。是雖爲哲學史上一種之學說。本宇宙之道理而論斷者。要爲第二期之想像說進一步而已。

第三十八節　惟心的說明法　神之存否。所謂理外之理。雖終不可推知。而吾人心中。有精神思想之存。雖何人決不能非之。且我目前之世界。現於我心面而爲現象。又不容疑。本此理而惟心論者起。據其論則萬般之妖怪。不外精神上之迷誤。或精神自作爲者。離心界而別無所謂妖怪。而此論進一步。則達於理想論。理想論者之說。理想與精神本一體。理想者現其作用於精神上。而精神者理想之一部分也。故顧精神之內部。而究道理之根元。與理想合體可知。卽人心者達理想玄境之門路。其論固不背論理。而以外界萬有。盡不外於心體及理想之現象。則亦信理想實在。而以萬般妖怪爲精神上之迷誤也。然世間之所謂妖怪存於物心萬有之間者。不能以惟心一說。盡妖怪之諸現象。而一一說明之。予是以欲由經驗的說明法而考之萬有規則以示其道理。

第三十九節　經驗的說明法　此說明法。乃照萬有自然之規則。以解釋妖怪之現象者也。即今日之學術的說明法也。而其法也反對惟心論而根據惟物論者也。予雖非惟物論者。而存於萬有間之妖怪。不可不以萬有道理說明之。欲由此說明法。以達予之目的。雖然說明此普通妖怪。不得不達於其極之理想論。一達其論。則曰惟物。曰惟心。皆根據於理想而成。可知就中惟心論者直接連續於理想論。而由事實上之經驗觀之。則物心二元。非各有其體之固有之規則。而共出於一大理法。故物理的妖怪。與心理的妖怪。其原理惟一可知也。本此一原理。而舉物心兩界上所現之妖怪。說明之。是實予之目的。然使達於此理法所不能解明之處。則不可不以最上之理想論說之。予所謂掃去假怪。用經驗的說明法。開現眞怪用理想的說明法也。

此經驗的說明法之一種。有從來經驗上未確知而用推想原定法。是宜爲經驗的說明法之附屬。今試舉其例。第一電氣說。第二精氣說。是也。自電氣說行世以來。一時彼此皆歸於電氣之作用。苟有難解之妖怪不思議。悉謂之電氣作用。是恰如中古以不可知者。盡歸於神。神者不可知之體。電氣亦不可知之作用也。故歸不可知之原因於電氣者。猶之欲說明一不可知的。而仍以他之不可知的說之也。又近世因說明光線之理。假定一精氣。卽以太之說。若幽冥世界。亦有以精氣之世界解釋之者。又有以物理學所謂勢力之理。證明靈魂不滅者。如彼著名物理學者蘇且脫及鐵恩兩氏合著之不可見世界論。全由勢力論證明未來世界之存在者也。或又有勢力論。及精氣論。解釋偶合暗中前知豫言及幽靈鬼神等者。將來或有以此等說發見眞理之時。而在今日尚未可許爲一種之學說。故予謂之經驗論之附說。揭於此以供世人之參考而已。

第四十節　說明法之歸結　舉以上所述之理外。惟心經驗三論。而考於學科之上。理外論屬宗教學。惟心論及理想論屬純正哲學。經驗論可謂屬理學及心理學。故表示其關係於左。

- 理內的（學術）
  - 經驗的卽萬有的
    - 物理的（理學卽有形的理學）
    - 心理的（心理學）

說明法｛理想的卽純理的（純正哲學）
　　　　理外的（宗教）

若考之現象實體之上。理想的者。說明物心萬有之實體。經驗的者。說明其現象。予今以經驗的與理想的之二法。解說物心現象上之妖怪。進而開示理想關內之妖怪。若夫宗教之所謂理外的。不在論理說明之限。則無煩喋喋耳。

第四十一節　妖怪事項之起原及發達　以上言妖怪說明。與世之進化共變遷者。不過略述妖怪學之歷史。未說示妖怪事項之歷史也。而究妖怪事項之歷史。亦研究此學者必要之事。妖怪事項者。卽妖怪談也。講究怪談之歷史。不可不預記主觀的客觀的之二種。在客觀上。當知妖怪談者何時何地由何事起。其後發達如何。今日傳於民間之妖怪。多本古來之風說舊話。新發見者甚稀。蓋吾人由幼少時。養育於妖怪談之空氣中。搆成先入之思想。成長之後。接觸於曖昧不明之事物。由思想之專制。而生豫期意向。至現示種種之幻覺妄見。如狐惑狐憑之屬。其初爲偶然之事。其後相傳而爲世間之風說。爲先入爲主之觀念。遂於其心自造之。其果然與否。雖未可知。而妖怪原因之主要點。在此先入之思想有可斷者。何則。如赤兒白癡。其心中不記臆狐惑之說。未聞受誑惑於狐狸也。故研究妖怪。先搜索妖怪談之起原。雖爲甚要。無如多不傳於歷史中。惟散見於小說。不惟難判其眞僞。卽究其起原及發達之順序。亦頗難也。次在主觀上。隨人智識思想之發達。而迷信妄想因之以爲變化。及妖怪談之影響於精神上者。此則當由精神之歷史上發達。而考究其狀態者也。此考究法。今日已由進化學社會學等之進步而易施。吾人雖不能知古代歷史上之情態。而於現時世界。固有可實驗者。卽下等之愚民或幼小之兒童。固有可研究者。今所爲妖怪學歷史。卽以此爲由主觀的研究法而已。

第四十二節　妖怪歷史之分類　要之述妖怪歷史。有說明與事項之二種。事項者妖怪談。說明者妖怪學也。事項者事實。說明者道理。事項者客觀的。說明者主觀的也。揭示其全表於左。宜與第三十三節之表參看之。

妖怪歷史——說明（卽妖怪學歷史）——
- 第一期重我說
- 第二期鬼神說
- 第三期學理說

事項（卽妖怪談歷史）｛客觀的關於妖怪事實之傳說｜主觀的關於妖怪事實之觀念｝

而妖怪談主觀的處。雖可就妖怪學之歷史而知之。客觀的處則不能詳說。惟於各科之部門。摘載普通歷史上所見者。以備參考而已。

第六講　原因篇

第四十三節　迷誤之原因

妖怪者。與迷誤同其意。而迷誤之所由起。不可不說明。其原因之第一。在古說舊話之存於記憶。而爲先入思想。固無疑。然是屬於歷史之考究。及教育之事情。故略之。欲專明妖怪之所以增減生滅。應於人心之智愚世之開否者。分左之三段。

第一、傳於世間之妖怪。不可盡以事實而信據之。

第二、隨智識學問之進。而妖怪減少。

第三、由論理作用之誤謬。而生出妖怪。

以下從此三段之順序而論明之。

第四十四節　妖怪談話之眞僞　古人言盡信書則不如無書。古書所傳。決不可盡信。不獨古書。卽今日世間所傳談話。其中不可信者甚多。徵之每朝之新聞雜報。其記事不合事實者甚多。世人所熟知也。故無古今之別。傳說風評。決不可盡信。而其所以與事實相違。由種種事情而起。第一、人之性一有見聞。必傳之於他人。而有修飾敷衍之傾向。是由人皆有小說的思想。望其語之有興味且完全也。又欲使聞者感之或悅之。是故由甲傳乙。由乙傳丙。隨輾轉流傳而益近於小說的荒誕失實。第二、人有好奇之情。偶接平生未見聞奇異之事。而自張主之。務欲成其事實於世間。以是傳怪談者。大抵立於辨護者之位置。（辨護者卽我國所謂訟師。言談妖怪者之意。必欲以辯給之口爭實其事也。）以失其實。第三、妖怪者至稀有之事柄。千百事實中有二三在例外者。雖亦不免。而世人於尋常一樣之事。輕輕看過。更不記臆。偶屬奇變。則大爲之注意。長把住而不忘。以是古今遠近之傳說。雜然相聚。恍若數多之妖怪。一時並起也者。猶之觀沿鐵道線路之電信柱。雖各柱之間相離頗廣。遠望者不見其間之事物。遂若各密接而幷立也者。五井蘭州之瑣語下卷曰。世人言三百六十日雨不出七十日。驗之多然。但十日晴不覺晴。一日雨便覺之。蓋晴常而雨變也。古人曰。治日少。亂日多。善人寡。惡人衆。是不然。治日善人雖衆多而常。亂日惡人雖鮮少而變。常則無事。變則多故。亦是雨晴之說。妖怪亦與之同。其事雖稀少。以其屬於奇變。使人有多數之感。以失其實。第四、人有好惡情。其聽言也。以其適情與否而解之之度大異。又記臆之而他日傳之於人。不知不識。牽合附會。或誇張之。或省略之。以失其實。第五、諺云。先入爲主。無論何人之心。不能不受先入思想之支配。幼時熟聞怪談。及長而存於記臆。以支配其心。每接怪事。自以意逆之。而民間兒童所受之談話。十中八九皆怪談。又如小說演劇。無不加怪談者。成長之際。自然以怪談爲先入思想。無疑。由以上諸實事觀之。則世多意外之怪談。而又傳之如實事者。其實決不可信可知也。

第四十五節　知識與妖怪之關係　妖怪之現也。大有關於人智之程度何如。蓋不容疑。夫世之傳怪談者雖如彼其多。自經驗於其身者甚少。苟逢人而問實驗妖怪耶否耶。數百人中當未得一人。而其偶言實驗者。大抵非學者而愚者。非男子而婦人。非都會而山野。非上等社會而下等社會。日本有所謂犬神病者。土佐一地爲多。是皆限於平民之家。無作於士族者。故士族皆知其爲妄。又今狐憑犬神等之例已甚少。阿州三好郡池田村。亦爲多犬神之地。而近年小學卒業者。未聞罹之。且無論何地。凡狐憑病等多下等無知之人民。否則婦人。皆人之所知也。由是觀之。明道理。富經驗。長思想。心意强者。妖怪少。否則多。可知也。然則妖怪之有無多少。關於人之心意如何。其妖怪不在客觀上。而在主觀上也。所以通俗之妖怪。迷誤而非妖怪。假怪而非眞怪也。自今學問愈普及。則謂不出數年。通俗之所謂妖怪者。將全掃地。豈空想耶。

第四十六節　妖怪與論理之關係　如今所述妖怪者。不在客觀上而在主觀上。然則何如而在於主觀上耶。欲論明之。當就心性諸作用現象變化而一一講述。茲姑讓之次講。先即論理上推理判斷之誤謬。而生妖怪者。說示之。抑論理上誤謬之起。由種種之原因。先就第六節所舉考之。第一、部分全體之關係。第二、原因結果之關係。第一者、演繹論法之所本。第二者、歸納論法之所本。由第一生迷誤者。屬演繹。由第二生迷誤者。屬歸納。而其所謂迷誤者。即妖怪。名此二者。爲演繹的妖怪。歸納的妖怪。

第四十七節　演繹的妖怪　演繹的妖怪者。卽演繹的迷誤。由誤認演繹法原理原則。所謂部分全體之關係而起。夫論理規則。於全體眞者。於部分亦眞。於部分眞者。未必於全體亦眞然。世人往往將部分與全體混合。或部分與部分混合。甚至見甲之一部分。而以定全無關係之乙部分者甚多。是論理上所謂虛僞過失所由起也。而妖怪之起亦本之。例如萬有之一部分人間有靈魂。遂以論定其他萬有。若日月。若星辰。若山川草木。盡有靈魂。或見宇宙之一部分人界有變異之論。他之一部分人界亦有變異。或見今年某月某日有災難。遂論定與之全無關係之來年同月同日亦有災難。是皆屬演繹論法一種迷誤。世間所謂妖怪。多是類也。或又以既定神有自在力爲前提。而論定妖怪非人力所能爲。卽是神所爲。或又引天道幸善禍惡爲提案。而應用之於天災流行。以死者爲天罰其惡。是亦愚民常用之論法也。其他屬於論理上之過失。類此者殆不暇枚舉。可參照論理學而知之。

第四十八節　歸納的妖怪　論理之過失中。由原因結果之關係生誤謬者。卽所謂歸納的妖怪。種種妖怪之主因也。抑原因結果者相對性之關係。此爲原因。則彼爲結果。此爲結果。則彼爲原因。以此考定其關係。多易生迷誤。又原因結果者。不必單純。或有原因異結果同者。或有數多之原因。相合而生一結果者。或有一原因而同時生諸結果。且原因有近因。有疏因。有主因。有屬因。結果有直接。有間接。而事物之變化。由錯雜之因果。聯絡結合而生。故雖智力發達者。猶不免陷於誤謬。況於無知之愚民也。愚民者。非因而認爲因。非果而認爲果。屬因而認爲主因。以事物性質中一部分相似。遂以爲同種類而比較之。世間往往所見也。例如前次大亂之前。有彗星出。當時人民以彗星爲兵亂之先兆或原因。甲之人殺乙。其後自罹病而死。歸其原因於被殺之亡靈。或甲之夢合於乙之所思。而信爲乙之精神所感通。此類殆不暇枚舉。乃由愚民者。不能明察一事物與他事物之間之關係。惟於時間之上。見前後相接而起者。以前者爲原因。後者爲結果。又於空間之上。見遠近之間同時並發。以爲兩處互相感應。凡人智程度尙低。不但事物內部所包有之理法。不能考察。卽時間空間上。推究外部關係。其區域甚狹小。其論理甚淺薄。見一日間之原因。不知前日之原因。見一部分之結果。不知他部分之結果。是以所用論法。易生大謬。及智力發達。其思想之範圍大廣。其論理之考究亦深。始得確知因果之眞正關係也。今舉愚民論理極疏之一例。距今四五年前。日本山形縣內。一夕有一種之怪光。由鳥海山向月山而過。其聲轟然如雷鳴。其地方之人因說之曰。是鳥海山靈爲國會事。欲與月山靈相談而詣之也。蓋其時當初期國會之將開。是雖非論理的之妄談。而亦應用因果之理以解釋之。但其應用之不合事實而生誤謬耳。又淸夜勉氏所著歸納法論理學。引彼司氏藥劑書所載。以由一因生兩果。而誤認因果之一事頗解頤。其言曰事有由一因生兩果。其兩果互爲對峙。而無關係者。聖脫枯拉港者船舶到。則使該港一切住民。患冒寒之疾。是說爲大衆所深信者。學士奇痕鏗蒲氏苦究其事。知此事者實有簡單之因果。蓋其港之地勢。非有東北風時。則外人不能由船舶而上陸。而其冒寒之疾。即在此東北風。而非在外人。此類誤謬。蓋世多有之。

第四十九節　因果與妖怪之關係　此原因與結果之關係。妖怪所以起。亦迷誤所以起也。是實可謂眞妄正邪所由分之歧路。夫雖如何無知之蠻民。苟見宇宙之現象。而欲說明之者。無不由因求果。由果尋因。而其生謬誤也。其應用判斷之不得其當。蓋因果之形式。與外界之事物互不應合也。故非原形之誤而應用之誤。然其原形當人知之未明。茫然存於心中。而未能判然。從而生誤於應用上。而此因果之思想。先天性耶。後天性耶。屬於別問題。雖可不論。惟我心所有之原形。待經驗而愈明。外界事物之講究。由因果之應用而愈進。內外相助而互發達。不可疑也。且此因果之理法。尤說明妖怪現象之所必用者。妖怪非妖怪之所以分。亦由此理法之明不明。故其理者。妖怪學之所以爲經緯者也。

第五十節　事實考定法　由是不得不就因果之應用而促世人之注意。卽論理學所謂歸納法是也。其法有五種。曰契合法。差異法。合同法。殘餘法。共變法。例如於此有欲考之一現象。其所顯在二次以上。其時皆有同一之事情。則其事情卽該現象之原因。是契合法也。然世人論妖怪之原因者。僅於一二回之經驗。見一現象與一事情之前後續起。直以甲爲乙之原因或結果。或於二回以上之經驗。見其二三回顯同一之結果而有一二生反對之結果者。直以其間有因果必然之關係。如以天變與人事間有因果之關係。是學術之所不許也。今宜於數回經驗。不見同一因果之現象者。不可徑以甲爲乙之因或果。次差異法者。於甲際起而於乙際不起之現象。其事情於甲乙兩際異者惟一。而其他皆同。於是斷其一事情之異。爲甲際特起之現象之原因。次合同法者。合併契合法與差異法之謂。次殘餘法者。有甲事情與乙現象。由甲之中除去其所知之原因而考定其所餘者。爲乙現象中之原因。次共變法者。於甲與乙之中。增甲而乙亦增。減甲而乙亦減。考定其互有因果之關係。其詳宜講究歸納論理學。今本此法則而定左之條項。望今後遭遇妖怪之人自試之也。

第一項　若人自實見妖怪（例如幽靈）時。不可以自己之感覺爲定。隨其時地而多使虛心平氣之人實視之。必其各人所見者果一致。而後判定妖怪之眞僞。

第二項　若人際會奇異之變象（例如天變）時。不以一回而定。俟數回經驗而考定其現象與他事實（例如國家之變亂之間）果有必然不變之關係否。而後以一現象爲他之事實之原因。

第三項　若人由一原因（例如神符）而得不思議之結果。（例如病愈）試以由他之原因。（例如代神符以全與之無關係者）而招同一之結果否。而後考定原因結果之關係。

第四項　若於一時代。（古代）由甲原因。（例如殺害）直來乙結果。（例如神罰若祟）於他之時代。（近世）更不由甲原因來乙結果者。必詳其何故。前後相違如此耶。而後考定原因結果之關係。

第五項　若於一地方由甲原因。（例如狐狸）來乙結果。（例如狐惑狐憑之類）於他地方。不由同一之原因而來其結果。尋究其何故不同耶。而後論定其關係。

第六項　若衆人數回試同一之事。（例如卜筮）其多數雖得所要之結果。（例如預定與事實之符合）而少數得反之之結果。考究其何故不一致耶。而後論定爲原因結果。

由此等注意。且虛心平氣以察之。而後所得妖怪。必爲眞正之妖怪。雖然。猶不可不於此存疑何哉。自己一人所考定爲確實者。或他人試之而發見不確實。或今日斷定爲眞正之妖怪。後日更考究之而發見其誤。故妖怪之考定。要不任自己之專斷。而考證於各科之學說。

第五十一節　妖怪體之大分類　茲第將四十一節以下所述之妖怪。先參照第四講所示之種類。爲妖怪種體之大分類。如左表。

（全分無根

- 妖怪
  - 假怪
    - 虛僞
      - 人爲的
        - 一分無根
      - 偶然的
    - 實事
      - 客觀上卽異常
        - 物理的
        - 心理的
      - 主觀上卽迷誤
        - 演繹的
        - 歸納的
  - 眞怪

表中人爲的者。由人故意作爲而生出妖怪之義。或由好奇心僞造。或爲占自利。或爲博人喝采。或出於小說的興趣。與辨護的作爲。而其中有全分無根而不可信者。有以小事敷衍鋪飾而大誤其實。非全無根者。凡二種。偶然的者。謂非故意造出而偶然傳妖怪於世。例如乞丐於夜中忽入路傍空屋而就眠。過其前者不知屋內有人。聞鼾聲而認爲妖怪。或曝衣於庭前之樹枝。晝懸而夕忘取之。夜中經其樹下者。以爲幽靈現於樹間之類。予聞一奇語。某年某城。於每朝雞鳴之前。有聲如當天下者。意鳥之聲也。其語雖不可解。

然其聲似云當天下。一城之人咸謂妖鳥告天下有大變動。蓋將有當天下之人出也。然有一人欲探知其原因。迎其聲之來處而行。乃知不在城內而在城外。更出城外尋之。市有鍛冶之所。每朝三點鐘。即從事於鍛工。知當天下者。卽其打鐵之聲云。如此者。皆虛僞而非實事。世間所謂妖怪。多此類也。若以事實分之。亦不可不設主觀客觀。卽迷誤與異常之二樣。客觀者。於第四講種類篇既詳述。主觀者。論理的妖怪。卽本篇所說明者。而論理的亦爲心理的一種。屬之心理學可也。今之目的以心理學爲中心。而說明物理的心理的之妖怪。以下所述。心理學之講義也。夫心理學者。外面與理學相關。內面與純正哲學相關。而位於內外兩界之要路之學。故得以心理學爲征伐妖怪之元帥云。

妖怪學講義卷之一中

總論續

第七講　說明篇第一

第五十二節　心理學上之說明　於前講雖說明妖怪（卽迷誤）所由起之原因。而未說明妖怪現象所以生之理由。本講則以說明其理由爲目的者也。抑妖怪既有物理的心理的之二種。物理的妖怪者。關係於諸科之理學。心理的妖怪者。關係於諸科之哲學。卽心理學教育學純正哲學等。而其中妖怪學所尤要者。心理學也。何則物理的妖怪。究亦成立於心理現象之上。物理的說明。亦半由心理學講述而後可也。而諸科之理學及哲學。待於各部門講述。本講就心理學之原理論明之。當知斯篇爲總論中最重要之部分。心理學有正則變則之二樣。正則心理學者。說明常態之心理現象。變則心理學者。說明變態異常之心理現象。卽前文所謂正式的心理學。變式的心理學也。今先述正式的心理學。次論變式的心理學。

第五十三節　物心相關之說明　正式的心理學者。於普通之心理論之。在旣讀心理學者。如屬無用。今因講變式的心理學。有不可不參照者。故於此略述其大要。乃先述物心相關。次及身心相關。次論神經組織。夫物心者。互相待相對而存。物無則心亦無。心無則物亦無。故謂之相對性之存立。而以物心二者之體。幷存立論者。謂之二元論。以一爲主。而一不過副之。以此立論者。爲之一元論。於一元論。有唯物唯心之兩論。又有想定物心本原。爲非物非心之體。而物心二者。不過屬之之現象。是亦一元論也。卽如理想論者屬之。今者非述理想論。非論物心之本體。唯說明二者現象之所以互相關而已。而其現象上之關係。不可不謂離物無心。離心無物。難者曰。離物無心。雖無疑。離心無物。其意難解。何則。縱令我無心。而此天地萬有之實存。不可無也。應之曰。甲某今死。而其心滅。天地依然存者。乙某之心存故也。乙某死而其心滅。天地依然存者。丙某之心存故也。猶之一莖草枯。而他草尚存。不可謂草全滅也。又有難者曰。譬有暗室於此。其中點燈。而壁間所陳列之書籍可知。及燈滅時。復爲暗室。其室內之書籍。不與之俱滅。今宇宙間萬有如書籍。心性如燈。安得謂心無則物亦無耶。應之曰。是其譬喻旣誤。其論理豈得正當耶。夫以物喻書籍。以心比燈。物心二元。全異其體。猶燈與書籍異其體。如此考之。不但離心有物。亦得謂離物有心。何哉。無燈而有書籍。卽得謂無書籍而亦有燈。今以物心爲有相關相對性者。乃離物無心。離心無物之意。書籍與燈之喻。不可同一論也。且其所謂離心無物者。無其意識上所感見諸物象之義。其所謂物象。指色聲香味觸諸象。除去此諸象。豈吾人所謂物。尚得謂存耶。要之明物心兩象互相待而存。則其關係之密接。固不須喋喋矣。以是物理的妖怪之說明。待心理的。心理的妖怪之說明。待物理的可知。而說明此二大種妖怪旣以心理學爲中心。則必詳論精神作用之影響於物象上何如。古代精神學心在物外之說可不論。惟本物心相關之理。照經驗學派之心理論而爲之說明爾。

第五十四節　身心相關之說明　物心雖互待而存。要其性質全異。不可同一視之。物者存於外。謂之客觀。心者存於內。謂之主觀。故物心相關。卽內外相關也。而在此二者之中間。則吾人之身體是也。身體者。雖有物質組成。而心性現作用於其上。以示物心一致。故身心有密接之關係。不問可知。請先舉身體諸事之影響於精神上者以爲例。如血液、榮養、消化、呼吸、體溫、勞動、疾病、康健等是也。蓋血液分量之多寡。成分之適否。及其循環之遲速等。皆使精神變動其作用。或過敏或遲鈍。甚至有全停止者。而食物之榮養。腸胃之消化。呼吸體溫之事情。皆準之而可知。又或勞動手足。傷害身體。必於精神上感幾分之苦痛。身體强壯健全。則大覺爽快。人皆所經驗也。是亦勞動疾病康健之影響於精神上可知。而精神上之變動。又必示其事於外貌。喜者笑。悲者泣。羞者面紅。怖者冷汗。或以手顫足戰發音聲。是亦人所熟知也。雖然。以上之關係。皆間接者。若舉直接之關係。則神經系統中之腦髓也。例如神經健全時。傳感覺如常。若生而組織不完。或由疾病及他事情而受障害則傳感覺亦不完也。或神經一部分受強壓於外。及疲勞非常時。更有不傳感覺雖以意志命運動而不從者。次述腦髓與精神之關係。第一、腦髓大小。與智力之發達有比例。野蠻人之腦髓。與開明人之腦髓。其大小甚異。在動物中見有應精神發達之高下。而差異其容量者。且腦髓之表面有盤曲。與智力高下有多少之關係。是無他。盤曲多者。面積廣也。第二、由外部貽非常之刺激於腦髓。或由高墜下。腦與他物衝突者。忽昏迷若失神。而精神作用爲之停止。第三、過勞精神。其後必感頭部疲勞或苦痛。是由第二之裏面證者也。第四、羅白凝症。失語症。其他諸精神病者。檢之於腦髓之部分見有多少之變狀。第五、使用精神過度時。見排泄物中多混入所以組織腦髓之成分。第六、施動物以種種之試驗。得證明腦髓與精神作用有密接之關係。由以上之理由。而身心中心腦之關係親密可知也。

第五十五節　神經系統　神經組織論者。屬於生理學之問題。茲不詳述。僅述其大畧。神經系統有二種之部分。一謂神經纖維。一謂神經細胞。纖維者。白色。主傳導作用。細胞者。灰白色。主中樞作用。而傳導作用有求心性遠心性之二種。以神經末端作起之刺激。

傳向中樞者。謂求心性神經。或謂感覺神經。又以中樞所起之興奮。傳向末端者。謂遠心性神經。或謂運動神經。此二種神經相集合。而形成種種之機關。分其機關爲傳導器中樞器之二類。中樞器者。由神經細胞成。傳導器者。由神經纖維成。屬傳導器之神經。於求心性遠心性二種外。又有聯絡中樞與中樞間之中間神經。又中樞器有腦髓、脊髓、神經節之種類。其表如左。

- 神經系統機關
  - 纖維體卽傳導器
    - 遠心性神經
    - 求心性神經
    - 中心間神經
  - 細胞體卽中樞器
    - 神經節
    - 脊髓
    - 腦髓
      - 延髓
      - 小腦
      - 大腦

其中神經節者。中樞器之一種。由神經細胞成。論精神作用。此非緊要。故略之。脊體存於節骨中。爲一種之中樞器。有反射作用。例如熟眠而手足動者。由脊髓之反射作用也。而脊體者。聯絡手足等部分於腦髓之間。以爲感覺運動二作用之媒介。次腦髓者。存於頭蓋骨中。爲中樞器之主要者。有延髓小腦大腦之別。延髓者。在脊體與大腦之間。聯絡上下二者。主生命最要機關之反射作用。例如心藏肺藏等之反射運動是也。而爲精神作用之本位者。獨在大腦。心理學所謂智情意之作用。全在乎此。關意識之作用。皆由此部分發也。而大腦中亦有反射作用。當於後說明之。心理作用。有反射作用（卽無意識作用）與意識作用之二者。此兩作用之關係。亦於後述之。次小腦者。於規整運動之外。別無特種之能力。以上諸機關。呈人類活動之諸作用。其附屬之者。則有五官器筋骨等。其各部之關係如左。

精神作用
- 主體　神經系統
- 屬體　諸有機機關
  - 運動器（筋骨）
  - 覺官器（五官器）

其他有機機關中。雖有消化器。（腸胃）呼吸器。（肺）行血器。（心臟及血管）等。以僅關於生活作用之機關。不加於此中。若又分之爲動物性官能與植物性官能。則關於精神作用之機關。謂之動物性。關於生活作用之機關。謂之植物性可也。

第五十六節　感覺及知覺　神經系統論者。屬生理學之問題。未入心理學之部門。心理學之部門。以感覺爲初級。故不可不就感覺而一言。夫感覺者。在內外兩界之間。聯合物心二者之媒介也。故其義解當由內外兩面考察之。先由外面（卽客觀上）解時。感覺者。不外於求心性神經末端所起之物質的刺激。及神經系奮興。而其刺激之主體。由外界之物質。刺激於其物質而起神經之興奮。由此相傳而達腦髓。始生一種之感動。雖然。感覺者。非獨恃物質的解釋所能說明。若由內面（卽主觀上）解之。可謂心性作用之直接於外界而最單純者。是實智力之起原也。而其知覺有普有性感覺。（卽有機感覺或體覺）及特有性感覺二種。視、聽、嗅、味、觸五感覺。爲特有性感覺。普有性感覺。卽身體組織間之感覺。隨消化榮養呼吸行血等。而感飢渴體溫疲勞爽快等是也。此感覺關於人間之有機作用而起。非有一定特種之部位。故謂之普有性。或謂之有機感覺。視聽等五感。人所熟知。故不與解釋。是爲心體中有一定特種之部位之感覺。故謂之特有性。其他屬感覺者。有名筋覺之一種。是即運動之感覺。及抵抗之感覺而名之。非離所舉之普有及特有兩種而獨立者。似不必別設一種。然其性質與兩種大有所異。以別置之爲善。何則。普有特有之兩種。其性質皆爲所作用。（被動）不過感受外物所與之刺激。而筋覺者。以手足筋骨之運動。得施其作用於外物之上。屬於能作用（主動）也。次感覺又有四種之性質。第一、事物之度量。第二、事物之性質。第三、時間。第四、位置。是也。例如由視感見色。知其濃淡之度。赤白之別。又由手足觸外物。知其物之距離及位置速度時間之類也。其詳細之說。以見心理學。（心理摘要感覺論）故略之。夫由感覺進一步達於知覺。知覺者。感覺之稍涉複雜。且認識外物爲一個物體之作用也。即合其得於外物各種之感覺而生者也。而感覺中形成知覺者。力各不同。大有強弱之差。乃若視覺者。搆成知覺之力最強。嗅覺味覺及體覺。其力甚弱。其說明亦讓心理學之講義。茲略之。

第五十七節　再想及搆想

較知覺更高一層者。有再想及搆想之二種。名此二者爲再現的。對之而名感覺知覺爲直現的。或表現的。即其與外物之關係。有直接間接之異同也。再想者。再生的想像之義。非直接感知外物。乃一感知之而留其影像於心內。其後再起之之謂。夫知覺者直接外物而起。然必一知覺留其影像於心面。而後日再起。始謂之再想。故再想所由生。在知覺及記臆。而又有一事情則聯想也。聯想者。觀念相聯合之義。觀念者。成立於主觀上事物之思想。凡客觀上有數種之事物。主觀上亦必有對之之數種觀念。故經驗於外界之事物。互聯合而存。則於內界亦必有觀念聯合而存。此觀念實再想之起所不可缺者。吾人觀一物一事。每必有與之聯合之感念。喚起於心內。而記臆作用。賴此聯想之事不俟論。次搆想。謂搆成之想像。諸再想之一部互結合而稍變其形之謂。蓋取再想上一影像之一部分。與其他影像之諸部分。取舍結合之。生一種之新影像。例如搆成一鳥翼人身而飛行空中之新動物。是謂搆想。而吾人普通所謂想像。皆此類也。

第五十八節　虛想　再想及搆想。皆就其特種之性質。而想見箇箇之事物。可名之爲實想。反之。離其特種而考出普通一般之性質者。謂之虛想。其作用爲思考作用。例如見雲而判其黑白。見木而知其大小。屬知覺之作用。至後再現之。屬於實想。若道德、良心、權利、義務。或宇宙、世界、人間、國家。無形無質。而涉於普通一切者。不可由知覺。又不可由實想。不能不由虛想思考之。其他若禽獸之所以爲禽獸。草木之所以爲草木亦然。而此思考作用。由實物實想。種種抽象概括而得之。爲實想之所發達。分此作用爲三種。概念、斷定、推理、是也。概念者。虛想作用中最單純者。彙類比較實想。而抽象概括以得之。凡涉於普通一般事物之觀念是也。此概念互結合。而爲一相聯之思想。名之斷定。故斷定爲虛想之稍複雜者。此斷定又互結合。而生推理。是論理之所以有演繹推理歸納推理之二種。以上之說明。亦讓於心理學。（心理摘要虛想篇）

第五十九節　感情及意思　以上智力種類。由其初級感覺。次第進而至於其高等推理。既各摘示作用之大略。對之而有感情及意志。是亦不可不略述其大要。夫智者。以識別思量爲其性質。感情者。以苦痛快樂爲其狀態。意志者。以行爲舉動爲其目的。此三者。單稱爲智情意。是實心理作用之三大種也。而感情者。又分爲感覺與情緒之二種。感覺者。智力之一部分。又感情之一部分也。是故感覺有二種之性質。其一、識別事物性質之作用。其二、感起苦樂狀況之作用也。其識別作用。屬智力。其感起作用。屬感情。是其所以跨智情兩部也。次分感情爲單情複情之二種。若喜怒哀懼。屬單情。若求眞理欲道德。屬複情。複情一爲之情操。例如父母愛子。單情之愛。學者愛眞理。複情之愛也。父母之愛。不待智力之發達。自然而有之。眞理之愛。非有高等智力者。不能感。以此禽獸猶能愛其子。而不愛眞理。不但禽獸。卽人間亦有多數不知愛眞理者。故單情複情之別。以心性發達之程度爲差。單情漸進。諸作用結合。愈複雜。至於由近及遠。由有形及無形。而複情作用始生也。

次意志亦有單意複意之二種。應單純之衝力而起者。謂之單意。由複雜之動機而生者。謂之複意。例如置一果餌於小兒之前。直以手取之。是由果餌之影像。映於心內。而出此衝力。然至大人。見果餌於目前。猶豫遲疑。不敢取之。是不但果餌影像之單純衝力。起於內部。又考出種種事情。而起種種動機。要之小兒乏克己作用。其衝力單純。大人有克己作用。其衝力複雜。故意志中之克己作用。屬於複意。可知。而今若詳論此感情意志兩作用。非本講目的。故略之。惟舉心理作用中之與說明妖怪。有直接關係者。特揭而論明之。卽第一意識論。第二主意論。第三習慣論。第四聯想論。第五信仰論。第六恐怖論。第七想像論。第八願望論是也。

第八講　說明篇第二

第六十節　意識論第一（定義）　夫爲心理現象之根基。諸知識之本素者。意識也。故曰智、曰情、曰意皆得解釋之。獨至意識。不能施義解。何者。一切解釋。皆在意識內現也。若強欲解意識。則云意識者。意識云耳。或有解意識爲感情者。爲知識者。是皆意識中之一部分。而非意識之解釋。蓋意識者。總括此等諸現象之名稱也。然全不解釋。則不知其爲何。故今假據心理學上大概之所用。或解之爲自知。自知者何耶。卽自知其心之形態。吾人今思之。所謂自知者。想像耶。將感覺耶。不過心自知心之意。故心能決斷而知其決斷。憤怒而知其憤怒也。由此意義。吾人除自知之外。無一知識一言語。仍不能與意識以何等之定義。雖然通常吾人所謂意識者。惟反對無意識之謂。乃人之熟眠而動手足者。屬無意識。醒覺之時。以意志動身體者。屬意識作用也。又或醒覺之時。不覺出手伸足。此亦無意識作用也。對照此無意識而考之。自不難默會其意義。故或以無意識爲直接之知識。直接之知識。何則。以理明之。如吾人偶憶起往年與親友俱遊地。是非突然構造於吾心中。實於數年前一經驗於我意識之上。而今日再憶起者。其在數年間。亦不得謂往時之知識全消滅。何則。眞消滅者。無再憶起之理。然坐而隨意憶起往年之壯遊。四邊之風光。躍然如睹於目前。是數年之久不消滅。而能蓄藏於心內也。如此則知識者。得不消滅而蓄藏。意識之範圍。惟限於直接現在之覺知。而其蓄藏之知識。則屬之於記憶。卽潛伏之知識爲記憶。而發現之知識爲意識也。故存於記憶中之知識。苟再現而想起於心中。始謂之意識內之知識。若記憶者。由嘗經驗以來。徒蓄藏而已。未再現於心中。其果記憶與否。不可得知。而吾人旣以一知識爲記憶。則其事不可不再現於意識上。而爲現在直接之知識。是所以解意識爲直接現在之知識也。或又有解意識爲心性之生命者。何則。有意識始知有心。無意識亦無心。意識者。其猶心內之光明歟。心內雖有種種之觀念。意識不照之。則知識不能現。譬之暗室內。雖有種種之物品。燈光不照之不能見。是皆意識與無意識之所以區別之義解也。若夫知無意識之爲無意識者。意識也。知意識之異於無意識者。亦意識也。至不能離意識之範圍而出一步。吾人亦謂意識卽意識也而已。故當知意識有絕對的相對的二樣之解釋。絕對的意識。包含意識無意識之二者。相對的意識此二者對立並存。而今之所講。非絕對的。而在相對的。欲以經驗學派之論。說明意識之所以起者也。凡論意識之起原。有惟心惟物之兩論。惟物論者。歸其原因於腦髓內部之造搆機能。惟心論者。離組織腦髓之物質。而唱心性之存在。今對照此兩論而判其是非優劣。固非容易。且非本講之目的。姑立兩論中間。而取身心一體兩面說。謂外面有物質的組織。內面有心性的作用。互相待相伴。其體一也。而由惟物論論之。有物與力之二者。此二者。不可不由一體兩面之關係。又由惟心論論之。心者由物而現其作用。精神者。伴身體之發達而開顯其性質。皆不可疑者。故不得不調和兩論。而唱身心一體兩面說。二者既有兩面之關係。則論究其體。不可不於一處照客觀上之事實。又於一處考主觀上之思想。而心之爲物。在實念思慮外。雖不可奈何。而探究之。則有二法。卽其一、考於諸動物及他人之上。其二、考於社會國家之上也。此二法雖不外於比較推測。而離之別無可探之道。不可不以其近眞理而許之。而欲由此方法證明者。更不得不講述動物學社會學等諸科。是亦頗難事也。今本從來諸家研究之方針。而立私見以證明之。

第六十一節　意識論第二（意識無意識之別）

心內既爲意識之光明。其光明者不

可不謂心性固有之本性。（卽先天性）若解之於惟物論上。則爲包有於物質內部之眞相。其眞相伴外部之發達。而次第開顯。腦髓之造搆機能愈達完全。其光輝愈至圓滿。故意識之光明。雖謂之先天性。而其發達。必伴於外部之組織。雖然若獨光明而無觸之者。其光明之有無。且未可知。猶吾人雖具耳目。無觸之者。不知有視聽之感覺。故五官所感覺之影像。卽觸於意識光明之物體。照於其光明而知箇箇觀念之存。又由此觀念而知意識光明之存。譬之暗室有燈之光明。而知有室內所陳之諸品。又由其諸品而判光明之明暗。而其光明雖先天性。其箇箇之觀念。則由外界經感覺而入者也。且意識光明中。又有分合諸觀念。以搆成組織知識之作用。何者。非有其作用。則知識無能生之理也。是猶有材木而無搆造之工匠。不能成家室也。然則意識有原形與材質之二者。原形者。先天性之光明。材質者。感覺的影像。此二者。相合而見意識及知識之成立。其爲之基礎者。記臆保持之力也。非有此力。不能使感覺的形像。留止於心內。而是亦意識中所固有之先天性也。然對意識而爲無意識之存。何理耶。意識者。雖先天性光明。當其未發達也。心內全爲暗黑之世界。如太陽未昇。四面尙暗夜耳。故若動植物者。未見意識之光明。而在暗黑之世界者也。而動物中之高等者。現一部分之光輝。猶雞鳴旭日未昇。而東方僅漸白。獨至人間。懸意識之日輪於心天高處。光輝赫赫。遍照四方。尙因智力發達之程度。覺其光輝有厚薄深淺之差。在光輝之淺薄者。設令種種之影像。由外界入來。而接於意識之光明者實鮮。且不分明。故無智下等之人民。考定一事一物之因果。其所見甚狹。其論理極疏。猶以光輝微薄之燈。照於室內。是以動物及野蠻人種。無意識作用多。而高等人種。意識作用多也。而其無意識。卽反射作用。反射作用者。應外界刺激所起之感覺。不待意識之命令。直向外界而現反射應對之義。爲生活體所固有之物理的或機械的作用。而非可屬於精神的者。雖然。精神作用。與反射作用。互連結而存。其間決不可立劃然之分界。或反射作用。一變而爲精神作用。或精神作用。一變而爲反射作用。由是觀之。意識與無意識。其間決非先天性之分界也。例如發於腦髓中之作用。有要意識與否者。今有人於此。吟誦詩文。非用心力於字字句句之間。而不能讀下者。有不知不識。任口舌而得讀下者。其一意識作用。其二無意識作用也。無意識而得吟誦者。其始蓋由意識作用。及反覆吟誦。而變爲無意識。無意識而得吟誦者。久不反復之。則復須意識。觀僧侶之誦經文。始也用意識記臆之。既而朝讀夕誦。數回反覆。隨自變爲無意識。其後久不讀之。經數年欲背誦之。復須意識作用可知。然則意識作用之變爲無意識。由反覆習慣之力而變爲機械的也。此習慣性者。不獨存於肉體上。心性之諸作用。亦皆由習慣性。故意識由習慣而變爲無意識。及其習慣一已。仍有復其始意識作用之傾向。自然之理也。若至習慣形成確然不動之天性。則爲本能性。遺傳之於子孫。無復變爲意識之虞。故無意識之變爲意識者。由其貫慣未全熟也。今欲說明其理由。復說示如左。

第六十二節　意識論第三（心力與意識之關係）　據惟物論者之說。人之心性者。物質固有勢力之一種。故人類之思想力。與動物之感覺力。植物之生活力。皆同一種。即據惟心論者之說。今日亦無有如古代學說。所謂人類之心與禽獸之心爲全別種者。即惟物論者所謂之生活力感覺力思想力皆同一種。惟應發達程度之高下而生此差別耳。然則謂惟物惟心兩論。皆假定動植人類有同一種之心性。固無不可也。然同一種之心性。有意識無意識之別何耶。夫意識既解爲先天性之光明。而其光明之明不明。全在發顯之心力分量如何。其力積集於一點。而得多量。其光愈明。若其力不積集於一點。其量從而少。其光亦不明。殆現無意識之狀態。而心力之集於一點與否。在於抵抗之者如何。如此有一抵抗者。非心力多量不能勝之。則自然向其點而積集。以現意識之光。若反之而無所抵抗。則無心力之積集。意識遂不發其光。譬於此有一條之流水。當其水路。橫巖石而抵抗之。水自然集此而忽大增其量。終越其石而上之。否則無抗抵之者。無礙其勢而溶溶流去。其量不增。諺所謂無對手不相撲者。稍近此意。故心者接於需大心力之事。則其力忽積集而現意識。若無發顯之對手。則雖謂心內已有意識之光明。亦不能奈何之。而其所謂對手者。會從來所未習慣之新經驗事。及心內種種之觀念錯合。而於其中發見適應之難者是也。此二者皆於心力有多少抗抵之事情也。抑斯賓塞爾氏別意識無意識而歸之於經驗之多少。與習識之有無。雖予所同意。而氏者以意識爲非心性內包之力。其論頗覺淺薄。予則謂無意識之諸作用。皆於其內部包有意識之光明。而未進於外發之程度。其無意識之變爲意識。意識之變爲無意識者。由心力積集於一點而發其光明。與放散而失其光明也。雖然。予意非謂動物與人類積集心力於一點。同能發意識之光明。若動物者。神經組織。未達於發顯意識之程度。意識光明之外發甚難。譬之地球內部之包有火氣。雖不問何處。皆同一樣。非噴火口處。不能噴出火氣。又設令有發顯意識之造搆機能。而不接心力會集於一點之事。亦不示意識之光。如有噴出火氣之火口。而由晴雨氣壓等事。異其噴火之有無多少。要之意識之有無。一關於神經組織之造搆機能如何。一關於心力積集之事情如何。而就其事情如何。予所謂與斯賓塞爾氏之論無大差。氏不示先天性意識之內包於無意識中。予說所異也。

第六十三節　意識論第四（意識之範圍）夫下等動物之反射作用。從物質的（卽器械的）習慣性而生。人類精神中之無意識作用。則由精神的習慣性而生。二者均爲習慣。惟在下等動物身心兩面之發達。尙未能開顯其內包之意識而已。予是以謂意識作用與無意識作用。生活力感覺力與思想力。其體本一。惟隨發達之高下。分量之多少。而見其分別。例如取一塊之冰。至某溫度爲水。至某溫度爲汽。意識之變爲無意識。無意識之變爲意識。亦如是也。既身心發達而至內包意識之開顯。若遇未經驗且錯雜之事情。則心力會注於其一點而感意識。及數回反覆之。以養成習慣。變而爲無意識時。更見他部分之須意識。而爲心力所注向。如此其部分又有習慣之力。而變爲無意識。又轉而向他部分以集合也。譬之一條水路。有巖石障其流。水激而集其點。既越之而流。更向他巖石而集矣。是乃大助智力思想之進步。心理發達上不可缺之事情也。例如讀書學文。初由一至十。均要意識之作用。以習慣熟鍊之功。漸至於無意識。更得進而察高等之事情。意識者。讓其既達成功之部分於無意識。（即反射作用）而自進而向未經驗者。以用其力。於是不可不考意識之有限與無限。意識果無限耶。何要讓其一部於無意識耶。而其讓之則有限明也。予既定意識之發達。伴於身心兩面。設令內包之意識無限。而外包之意識。固不得不有限。且其有限之範圍。應發達之程度。而大異其大小也。然則以意識爲有限。不能盡內界所存之觀念。而容於其範圍內。故觀念之部分。有在意識內與在意識外之二種。以是記憶之範圍。大於意識之範圍可知也。雖然。意識之光。非限於一部分而照之。或照右方。或照左方。或於前部分。或於後部分。得以次第移轉。記憶中所存之諸觀念。得順次而浮現於意識中也。譬之以燈照一室。不能照全室。於一時攜之而由一部分。分移於他部。四邊所陳列之諸品。得一一照見也。雖然。亦竟有不能使諸觀念盡入於意識中者。乃諸觀念中自然有一種之優勝劣敗。觀念之明且强者。早浮於意識中。否則非用特殊之意力不現。又有極用意力而終不現者。猶轉燈於四方。而至微細者仍不能照。是意識力發顯之有限。亦不得已之事情也。

抑吾人之所稱自己（卽我）者。惟心論者中。雖如一種特殊之靈魂。其實屬於內界意識之範圍。所謂我之本位。不外於由諸觀念之比較結合而生之中心。猶之一塊物質有重力之中心也。而以意識時時轉其中軸。我之本位隨而得變更。是以所謂我之觀念。幼時與成時不能無多少之異。又醒時之我與醉時之我。喜時之我與怒時之我。皆不能同一。是人之所以起悔悟也。雖然。意識之移動。非能使我全變爲別物。惟僅少小之變動耳。其平常精神不激動而保水平時。意識守正位。其所謂我之本位。必立一定之中心。更欲明其理。不可不就觀念論而一言。

第六十四節　意識論第五（意識與觀念之關係）　內界中箇箇之觀念。有現於意識中者。有不現者。例如甲部分之觀念在意識中。則乙部分之觀念在其外。而爲無意識之境。乙部分之觀念來意識中。則甲部分之觀念又出其外。乃內界記臆上所存諸觀念。新陳代謝。而意識則有內外隱見起伏之狀。由是觀之。觀念之數。比之於意識之範圍。其量過

多。不能同時併見於其中。今以圖示。大圈表內界之全面。小圈表意識之範圍。甲乙丙之

記號者。表箇箇之觀念也。此小圈者。得由一處移動於他處。意識外之甲乙庚。有忽入於意識內者。譬之一箇之燈。無照見全室之力量。移動之。得依此而照見四隅。而其意識內與意識外者。非必其間有判然之分界。是又如以小燈照廣室內。近處明而遠處暗。其明處與暗處之間。無判然分界也。然則意識者。不外乎包有於心性之內部。若腦髓實質中一種之光明。伴身心之發達而發顯者。可知矣。而其光明之不能平等照及內界全面者。以內界所存之觀念。及內外相關之事情。常不能平等同一也。如於心性之海面起高下之波瀾。意識之光。由其各波之關係。相一定之中心而發。故其關係異者。從而其中心上起多少之變動。不獨道理上然。亦實際上經驗之事實也。是予所以謂我者由內界之事情而變動也。而意識之由一隅移他隅。由於觀念與觀念間之聯合。習慣遺傳等之事情。及內外兩界相關之事情。可知矣。故意識與觀念之關係。由內界及內外兩界之關係。如何而

定可知也。

第六十五節　意識論第六（意識與社會之比較）更欲明觀念與意識之關係。可比喻於社會之組織而知之。夫內界有箇箇之觀念。如社會有箇箇之人民。其人民結合而組織政府。可比之觀念結合而開立意識之範圍。意識中有智情意之別。如政府中有內閣諸省之別。有意識內之觀念與意識外之觀念。如有奉職於政府之人民與退居於民間之人民。而由觀念結合以組織之政府。非君主政體而共和政體也。其所立於意識之中心之觀念。不但得新陳代謝。且有由一觀念移行於他觀念者。若甲觀念立意識之中心。與甲有親密關係者。入於意識內。不異於一國中甲黨之首領立政府。而與之同主義者入政府。乙黨之首領立政府。而其同主義者亦入政府也。而通常立於其中心者。本於遺傳。應於習慣。大抵一定。卽令有內外一時之事情而有小變動。猶有同主義之觀念相續於其中心。故先所謂我者。於內界中自然有相續一定之位置。能於身體變化意識移動之中。保持一定之中心也。至於罹精神諸病。而判斷思想大有變動。則由其中心之變動。而別主義之觀念。入於意識之中心。而代主作用。譬之政府有大革命。而別主義之黨派占領政府也。狐憑神憑等皆準此例而可知。是爲後心理學部門所講必要之說。豫置一言於此耳。如此以內界比論社會。雖若非屬於論理的。然今日既以社會爲一箇之有機體。凡就箇人發見之規則。可應用之於社會之上。將社會比例於一箇之人體而與之說明。故謂欲從其反對之方向以爲證明。以社會上所存之關係事情。考之於內界之上。亦不可謂全非道理也。且社會不過一箇人之增大。一箇人中之微細者。就社會上比考之。與以顯微鏡觀微物同一理也。則以社會爲觀一箇人之顯微鏡。豈謂無理耶。

第六十六節　注意論第一（注意之義解及性質）與意識有密接之關係者名意向。即注意也。注意者。精神合注於或一點而强其力之作用。故解之爲意識之集合。若合注於一定事物上之心力。其種類有無意自然起及有意起之二種。又起於無意自然者。有由身體上活動起及由感情上願望起之二種。例如强大之音響觸於耳官。不覺起注意於其處。腹中感苦痛。自然爲之注意。皆由身體上活動生者。不能由意力制止之。又如欲錦衣玉食。望名譽快樂。雖自然注意之所向。則有意力能制止之或不能制止之。二者以外。由有意起之注意。全由意力得左右之。至於尋注意所由起之原因。則由意志願望活動。

其他內外種種事情。不問而明也。但其強弱之度。一則由刺激之事情。如感覺上之刺激強。則注意之度亦強。二則由身體及精神之狀況。如身體衰弱或精神疲勞。則注意之力弱。反之而其力從而強。三則由動機及感情之事。夫動機者在心內而刺激精神。是意志所由起之原因。即注意之起因固無待論也。次就注意之發達言之。兒童之注意。多反射的（即無意的）由漸發達。而生有意的注意。蓋兒童之注意。每歸向於刺激之強者。然年齡漸長。刺激之弱者。亦得注意。及更進。能抗抵激刺及喚起反之之注意。是全有意的注意之力也。又就注意之區域。有古來一疑問。乃同時得注意二物耶否耶是也。二物論者曰。吾人能辨別同時所發二種之音響。同時得注意二物之證據也。若同時不能注意二物。則比較作用及辨別作用。無可起之理。何則、比較辨別者。不能不照對二物也。一物論者反之曰。吾人於實際上同時感得二物者。由注意之由一物移動他物之時間。非常駿速。故若有比較辨別。於時間上實有前後之別。因其移往極瞬間而不能見其別。此兩論孰眞耶。雖未易判定。注意之全力集於一物一點。與分於二物二點。數理上已有分量之別。惟注意一物時。與同時注意二物時。其所感得明確之度。覺大異也。例如定注意之全力爲十集之於一物。其力十也。分之於二物。其力五也。且吾人於實驗上。欲同時注意二物自然減少其力。注意一物。則其力得完。以是觀之。二物論者似有理。何者。若同時不能感得二物。則注意一物與注意二物。其力固無異同之理也。

第六十七節　注意論第二（注意與意識之關係）　注意種類。雖有無意的有意的之別。二者共屬於意識之範圍也。而意識之範圍與心界前面之關係。觀揭於第六十一節之圖而可知。乃意識之範圍小於心界。卽注意之範圍更小於意識。是注意者意識之合注於或一點。換言則意識光明之向某一點而集者也。夫注意者研究事物之所必用。由注意而研究事物。猶由顯微鏡而看細微之動植物。古來大家。若牛頓者。實爲最富於此意識力之人。不但富合注意識於一點之力。且能永保持其力於一點者也。非如此之人。決不能看破造化之機密。蓋世所謂天禀者。卽富此力之人。余嘗論性理之有經濟。於此論有關係。特揭出之。

假有甲乙二人。生來有同量之心力。其心力之量。姑以便宜定爲三百。其分量從成長而次第增加者。恰如財之逐年而生息。而其增加之分量。雖由教育經驗之得宜與否。余姑假爲其量無增減。卽定爲三百之分量。終始不變。以便於示用之得宜與否。而分賢愚之理。以人之心力分爲智與情與意之三種。不可不平分其全量於此三種。然則三種各得

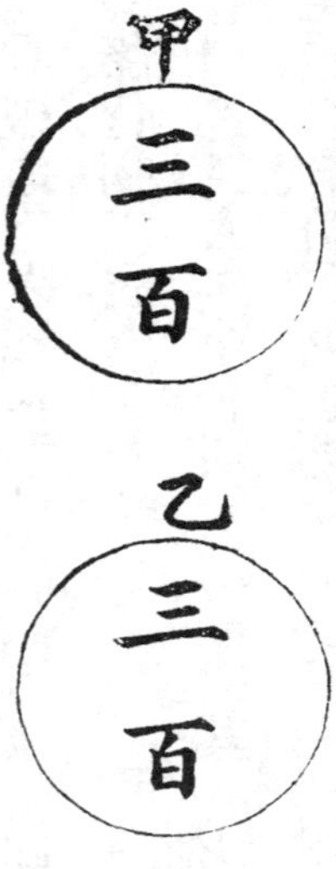

百之量。若使人而智情意共有如此同一之分數時。甲乙共有同等之才力者理也。然心力之全量雖與之同一。而以經濟的利用其量。得使甲有倍於乙之才力。凡人之用其心。

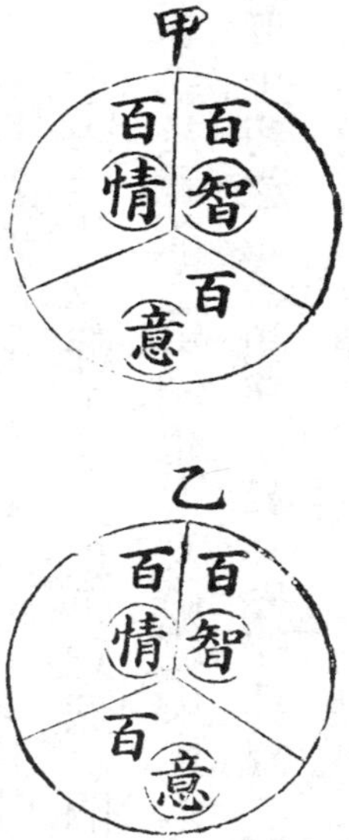

智情意三者。非要同一之作用。時而要智力之多量。時而要情力之多量。時而要意力之多量。故智情意三者中。要其一者之力多量。固不妨減他二者之力以加於所要之部分。且智情意者。一者增其力。而他者常隨之而減其力。謂之抗排性。例如人用智力過其度。情意二者至共減其力。是無他。心力全量有一定之限。不能出其定限外也。然觀其力有一時之增減。知得

融通運轉其力於智情意各部分間。余謂之經濟的利用法。由此利用法。得使甲有倍乙之力。例如甲者當其要智力時。減情意二者之力之半。加於智之上。從來所有之百力。忽至有二百之力。而乙者當要知時用百之力。甲者可增培乙之作用。若又當要情時。甲者減智意二力之一半以加於情之上。乙者仍續同量之割合。是又使甲有倍乙之力者也。意之場合。亦準之而可知。今以圖示甲智倍乙之例。

甲

乙

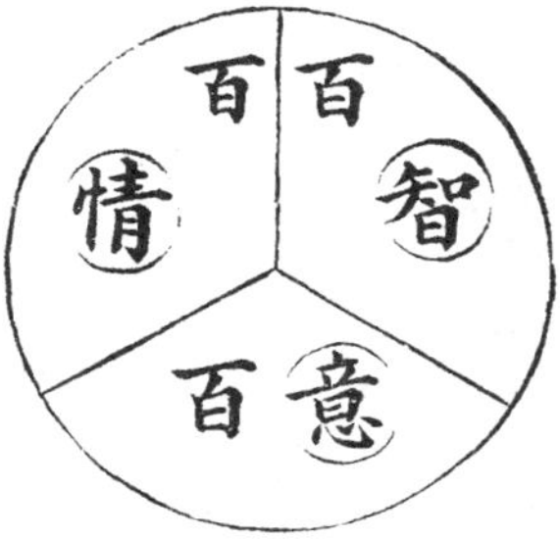

若使甲倍其情力及意力時。則如左。

甲

甲

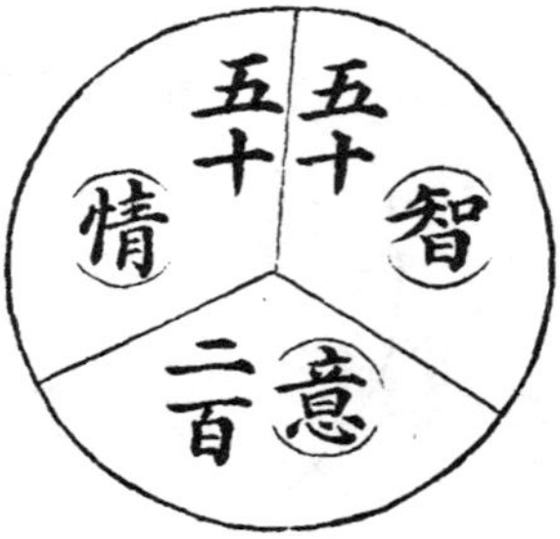

由此利用法。則雖通常心力少量之愚者。亦得示倍於智者之力。例如定甲有二百四十之心力。乙有三百之心力。而示其比較如左。

甲

乙

即甲之愚於乙可知。雖然。若使甲行融通運轉之利用法。而乙不之行。則可使甲爲倍於乙之智者。其圖如左。

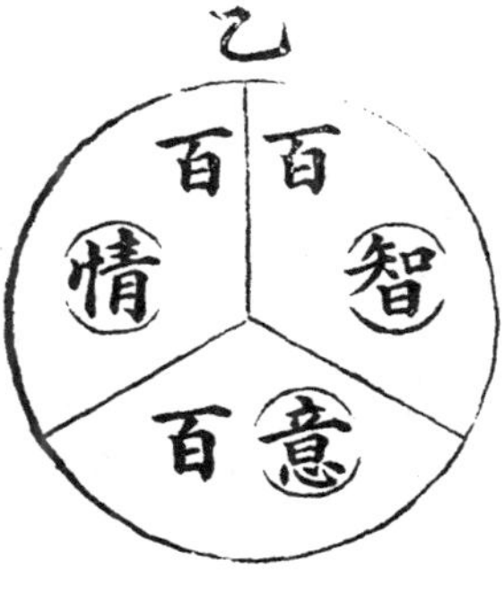

其他準之而甲之情及意各得使倍於乙也。減一處力而加於他處之利用法於心理學上。本心性集合之作用。而使精神全力集合於其所要之部分是也。蓋觀人之富學才長世才者。非必其生來之力常倍蓰於人。唯由此集合力之强。雖然其集合偏著於一方而不能轉運於他方。則於一二專門之事業。或爲之有益。而多數之人。因之而爲偏僻人若頑固人。世所謂英雄豪傑。爲能以此集合力。應於時地而適用運轉之。故使人爲英雄。必要集合心力之力。與應合時宜而運轉適用之之力。明也。

此圖中所示之情智意。總括意識作用而舉之。其所謂集合力者。謂注意力也。凡通常之注意。雖得隨意由一點移動於他點。若由一事情固著於一點。至於不可以意志左右之。在其點爲觀念思想之中心。而支配精神全域。將來精神作用將變而現狂人之狀態。將於變式的心理學中講之。

第九講　說明篇第三

第六十八節　習慣論第一　余先分說明篇爲正式的心理學與變式的心理之二段。其正式的心理學之講義。亦分總論各論之二段。即第七講之說明篇第一。可稱正式的心理學之總論。由身心之關係。講述心理之種類作用。次由說明篇第二。移於正式的心理學各論。揭心性中特殊之作用。專有關係於妖怪學。今已講述意識注意之二論。此二論者。可云各論中之總論部分。論述妖怪所關諸作用之根基者也。其與妖怪學有如何關係耶。當於變式的心理中講之。姑不著於此。而由此所開陳者。爲各論中之各論。直關係於妖怪之心理作用。不惟解說其性質。且論其緣此而生妖怪之所以然。件於意識注意而不可不先說明者爲習慣性。習慣性者。物理上心理上雖皆說之。今所述爲心理的習慣性。單名之習性。習性者。由反覆經驗。而生於身心上之一種性力也。其種類有二。一身體上。卽動物的習性。一心性上。卽精神的習性。此精神的習性。又有道德及智力之二種。如避惡就善克己復禮諸習慣之力。謂之道德之習性。若夫習慣上識別思量之力之發達者。謂之智力之習性。夫習性與本能。其起原雖異。其性質則同。本能者。人生而已有之能力。習性者。生後所得之能力。二者皆不用意志思想。而自然得示其作用。換言則習慣者第二之天性。（卽本能）本能者。不外於遺傳之習慣也。謂之精神中之物理的能力。或器械的能力。又有分習性爲能作用所作用之二種者。所作用者。關於智覺理解之習性。如聞言語而自然了解其意味是也。能作用者。關於意志行爲之習性。如自然以其心所思。發於言語。示於舉動是也。而習性之影響於身心上者。第一於感情上有關係。例如美食習慣之則減其味。惡食習慣之則不感其苦。又溪流之喧耳。激浪之驚夢。勞役之艱難。病室之幽鬱。皆由習慣而減其感覺之苦痛。皆人之所經驗也。第二於智力上有關係。如讀書解字。由習慣之力得進步。是亦人之所知也。第三於意志有關係。觀言語動作道德品行之發達。由習慣可知。今更考習慣之所以起。由求心性神經所傳之感覺。非必直傳於遠心性神經而示運動。其波動之入腦髓也。或散失於其中而不知所往。然一由腦髓中經遠心性神經而示運動於外界。反覆之再三。則終由習慣而見一種聯合於感覺與運動之間。又在腦髓中一觀念與他觀念間所生聯合强弱。由習慣之事情如何。而習慣愈達完全。則有意作用變而爲無意作用。意識變而爲無意識。（即反射）故注意與習慣自然爲反比例。習慣强者所需之注意少。須注意多者習慣未完也。要之習慣者第二之天性。使人爲智者爲德者。無不被其影響。實於教育上有重大之關係可知也。習慣於吾人有重大之影響。今更詳述之。第一。人之學問職業技藝之發達。皆由習慣。近世經驗學派之泰斗洛克修吾諸氏。以智識思想之發達。全歸於經驗習慣之力。又支那學派中之荀子。即習慣論者。其言有曰。注習俗。所以化性也。又曰。聖人者人之所積而致矣。今且措先輩之說而於實際上考之。兒童在家。受父母之教育。進而入學校。或讀書。或解文。或受講義。以進其智力。高其思想。無非反覆數回積習之功。例如讀一卷之書。反覆熟習之。自然得暗誦。從而用意力。即全卷亦易讀下。即習慣之力也。既如前述。依習慣而意識變爲無意識。有意作用。變爲無意作用。事初難而後易。此學業之所以進步也。

職業技藝。其理同一。或學音樂。或習書畫。皆依反覆積習而進步至於習慣之外。又依天禀之有無而異。則亦不容疑之事實。殊至技藝。其差最甚。如古來有名之樂人畫工。亦由天才。不獨依勉强反覆之功。雖然。其才能非習慣勉强則不發育。大得習慣之力亦明也。凡事業。以其種類有難易之別。有專依習慣而得致者。有習慣之外。又要天禀者。又世間尋常一科專門之學者技士。雖專依習慣勉强而得達。至其得拔羣絶倫之名。則必要天禀加之。余嘗聞之棋客。無論誰人由幼時勉强積習於圍棋。得使進初段。雖然至初段以上。非有天禀之棋才不能。其他學業技藝。皆同此理。習慣有功於學業進步。既如斯矣。第二當述習慣與幸福之關係。如前所言。雖如何之苦痛與不快。得依習慣而減之。而人之幸福。多依習慣而得者也。例如人皆愛其鄉里。又皆慕之。諺稱住者爲都。雖如何僻壤偏境。住久則生愛慕其地之情。不喜去而之他。又或出遊他鄉。亦輙有每夜夢見鄉里之事。又雨晨風夕。際不幸災難。或及老衰病弱時。思鄉之念更甚。去羽州酒田港海上數十里之處有孤島。名曰飛島。其周圍不出數里。而住於玆者。以其地爲都。若人生快樂。離其地即不可得者。故在其島者。小兒泣時。叱之以當遣逐酒田。使小兒恐之而止其泣。又距伊豆之熱海。海上三里有小島。名曰葉島。其周圍僅一里。戶數僅四十二三戶。雖有由其地出遊於他鄉者。數年後皆歸其村。如此以小島爲極樂。是皆住者爲都之諺之理。無非習慣之力。然則謂習慣增進人之幸福可也。既知愛鄉里之情之依習慣而生。則世間所謂愛國心。亦由習慣不待論。小之爲愛鄉心。大之爲愛國心。皆由所住土地之習慣而生。一種之愛情。又在一家之中。親子夫婦相集而互感快樂者。亦無非習慣之影響。每日慣見慣聞。自起和親之情。而於其間感幸福者也。日本國之女。嫁於他家。有與其家父母同居之風。雖往往家庭之間。致起不和。然同居數年之久。則自然依習慣而減其不和。其初不愉快之家。至後而感其愉快。然則一家之和合快樂。亦依習慣而生可知也。次就習慣與道德之關係。是亦大有影響者。凡道德之發達。良心之形成。不外於使人養成良習慣。人在一家。由幼時得於父母之良習慣。卽形成良心。及長至雖欲爲惡而不能生其動機。語云。近朱者赤。不外此理。長成於風習嚴正之家者。自嚴正其品行。生長於風俗善良之鄉者。自善良其心質。是亦習慣之力不待論。故在教育上。不可不注意於付與兒童以良習慣也。次述宗教與習慣之關係。人之信仰心。雖生而有其發育之則。全由習慣之力。幼時養於熱心宗教之父母。而入宗教學校以受教育。自然爲宗教之信徒。又一村一鄉之人。盡宗教信徒。則自然化其風而爲宗教信徒矣。是非謂之習慣之力而何耶。日本本願寺勢力之所以大。要不外於習慣。其在信者竟以本願寺法主爲活佛。由其幼時受如斯之教育。故耶穌教家專由學校教育。宏布其教於他邦。依是觀之。教育上最有重大之影響者。習慣也。人幼少時所得之習慣。其力最强。故教育上不可不以家庭教育爲最要。今更舉近例示習慣之力。如吾人一二週間。每朝養早起之習慣。則後每朝至時而自覺。反之。而二三日不起。忽爲習慣。至每朝不能早起。惡習慣易得。良習慣難得。大抵如此。是亦人之不可不注意者也。其他如嗜酒耽色遊惰放蕩。皆積習慣而至是者。反之如堪忍勉强。能卒其業。成其事。亦無非積習慣之功也。

第六十九節　習慣論第二　以上述教育上當注意之處而已。若考習慣與妖怪之關係。則知世間所謂妖怪者。多由習慣而生。蓋世人見聞經驗上奇異者。稱之爲妖怪。換言則接觸於經驗上從來不習慣者。稱之爲妖怪也。反之。雖如何奇異之現象。每日接之。至見慣聞慣。亦不以爲奇異。例如奇草異木。或妖鳥怪獸。人所指爲妖怪者。因從來無見之之習慣。又如彗星人皆謂之妖怪。由其不常見。而如太陽之不妖怪者。每日見之耳。若以二者比較。何者眞妖怪耶。則太陽較彗星實更可稱妖怪也。又在天地間其眞妖怪不可思議者。非奇草異木彗星等。而人類也。人類者。實可爲宇宙萬有中之最大怪物。皆不妖怪之何耶。是依我平生所熟知故也。其他一滴之水。一片之雲。一根之草。實皆妖怪也。然皆不妖怪。是依平常慣見而已。由是考之。妖怪與習慣大有關係可知。次舉教育上之影響。及於習慣上之妖怪者。幼少時在家庭。被怪談之教育。於性質上有一種之習慣。長而見不妖怪者。輒喚起妖怪之觀念於其心。而生妄想幻覺。然又與以反之之習慣。則得改變其習性。如幼時養於信妖怪之家。既得恐妖怪之性。長而住不信妖怪之家。自然減其恐妖怪之度。但幼時習慣其力最强。長而變之甚難。以是妖怪學上大當注意者。在家庭教育如何。其理由參看教育學部門而可知。今日日本之家庭。以怪談充之。其口說十中八九。無非怪談。是以日本與西洋較。而妖怪獨多之一原因也。以既有幼時之習慣。或夜中步行過柳陰墓畔。種種妄想起於心內。至微音小響。能現妖怪。雖然若數回經過其路。或久居住其處。舊時之習慣一變。而至不恐妖怪。故其不恐。亦習慣之力也。要之妖怪與習慣大有關係。若欲滅妖怪。不可不注意習慣云。

第七十節　聯想論第一　與習慣性有密接之關係。而與妖怪有重大之關係者。聯想也。聯想之義。爲觀念聯合。甲觀念與乙觀念互聯合之謂。而其作用。可爲習性之一種。何則。甲乙兩觀念之互聯合。由於受反覆數回之經驗。而於其間生習慣也。旣於諸觀念間生聯合。則一感覺或一觀念起。聯合之之觀念。卽伴之而生。謂之聯想之規則。其伴生也。有以感覺爲原因者。有以觀念爲原因者。換言則其原因有在外界與在內界之別。例如現見一物而喚起聯合之之觀念。可謂其原因在於外界。反之而由一種之觀念聯起他之觀念。可謂其原因在於內界而伴外界原因而起者。必內界觀念也。凡聯想之起。必要有從來之經驗。其經驗有數回。以至於其間養成習慣性。則聯想之力漸發達。而遂至無意識。以是分聯想爲無意的與有意的之二種。又有其種類附近上、類似上、及背反上之聯合。例如海與船彼此相附近。雞鳴與日出前後相附近。於思想上亦皆互生聯合。又酒與水性質上互類似。酒客見水而想酒。冰與火性質上全相反。有由冰而卻想火者。或分之爲時間上聯合。空間上聯合之二種。或分之爲原因結果之聯合。及全體與部分之聯合等。例如思杭州而想及西湖。爲空間上之聯合。接電光而想起雷鳴。爲時間上之聯合。或見雲而想雨。見病而想死。爲原因結果之聯合。聞英國之名而思及倫敦。見一牛之角。而思及全牛。爲部分全體之聯合。要之觀念之聯合。件外界之事情於內界甲乙二物間。有附近或類同之關係。內界上卽有與之相應之聯合。約言之。內界者。不外於外界之寫影。是卽經驗學派之論。而洛克氏所以云。人心初生如白紙也。至於聯合力何在之問題。則不可不在內界。而且爲生而已具者。是所謂先天性也。故聯合之原因。不可全歸之後天性。是先天論者。對後天論者（經驗學派）之說。亦有一理也。次論聯想與心性發達之關係。其影響之大。固不待言。雖謂智力之發達。全由聯想之規則。亦無不可。今日經驗學派者。以觀念聯合之理。說人之思想之所以由感覺而發達甚詳。又若平常之談話記憶。無一不基於聯想。例如兩人相對坐而交言語。雖移種種雜多之談。而連絡其間者聯想也。又記憶事物更要聯想。例如讀書而記憶其文字其意義。大抵由性質語音之類似與他之觀念聯合而把住於腦中。若以桃之夭夭而記憶逃之杳杳。以不亦樂乎而記憶不亦落乎。皆語音類似之聯合也。聯想與記憶之關係。於後講教育學部門時當詳述之。

第七十一節　聯想論第二　凡世所謂妖怪。依觀念聯合而起者最多。故茲不可不就聯想與妖怪之關係而講述之。第一。就感覺上聯合述之。外界所現之事物之色及形。或非平常慣見之性質。則人心中起妖怪之觀念。例如見外界所存之木骨。而認爲鬼形。木骨非眞鬼形。薄暮夜中。形不判明。我心中呼起妖怪的觀念。世間斯例最多。如幽靈者。什中八九。皆此類也。是全爲視覺上之聯想。其聯想也。所謂類同聯想也。其起者必於前有經驗上妖怪之觀念。其觀念當實際目擊之事物現象不明而有怪狀。則忽焉發動而起類同之之觀念。至於生鬼神幽靈之幻覺。故視覺上妖怪之起。由外界之事物。與內界之觀念。聯合併生而起。在外界多於薄暮或暗夜物象之不判明時。又在內界多於精神上有多少之變動豫期時。故白晝物象判明時。及精神安定時。見妖怪者少。且外界雖見奇怪之形象。其人心中無妖怪觀念時。亦不見幽靈鬼神等之妄象。其例就小兒可知。二三歲幼兒。雖有如何奇怪之形象觸其目。並不驚爲妖怪。是妖怪之起。依於我從來所有觀念之聯起明也。而其觀念。由於經驗而得者。不如幼時依人之談話傳說而得者多。予前言日本家庭爲妖怪之空氣所充。此觀念聯合之所以起也。次就聽覺與妖怪之關係。舉其原因聯想之例。曾有妖怪觀念之人。夜中坐空室。或過深林中時。自己之足音。水之流。木之動聲。皆爲聯起妖怪觀念之誘因。至於生種種之幻聽妄覺。是其原因。依心內之觀念。與外界之現象聯合。又由幼時保有之觀念。應內外事情而聯起。皆與視覺同也。次就觸覺與妖怪之關係述之。例如深夜過林下。有木枝觸於手足。忽感爲怪物。甚至失神絕氣者。又有際夜中熟眠。物由上落（鼠屬）而觸手足。夢忽驚覺。如感幽靈亡者之觸其體。是其原因。雖在外界。而伴之之妖怪觀念。自必先保有於心中。次就嗅覺味覺考之。依此二覺而聯起妖怪觀念。其例尙少。雖然。如感死人之嗅氣。而呼起幽靈之妄想者。卽嗅覺之所起也。以上五種感覺。其於妖怪觀念。不獨直接聯起而已。間接聯起者。其例實多。今茲舉直接間接之別。接觸奇異現象。直呼起妖怪觀念。見種種之妄覺幻象者。直接的聯想也。今所述之諸例。皆是反之。而並不接觸奇異現象。曾聞此地此場合。若此家素有妖怪。至其所。則外界並無誘因。而由心內聯起種種之妄覺妄想。若實際目擊妖怪者。謂之間接的聯想。此間接的聯想。與其屬外覺。不如屬之於內想。又諸感覺。不惟於各範圍內同種觀念間。互爲聯起伴生。而依一感覺與他感覺之聯合。有由一方刺擊。生妄覺於他方者。例如聞奇怪之音。起妖怪之觀念。又同時於視覺上現種種之妄象者是也。蓋不惟一感覺與一觀念互聯合。一感覺與他感覺互聯合。又有感覺與運動互聯合。依一原因而聯起種種妖怪者也。

其他就感覺上之觀念聯合。而不可不一言者。文字及言語之聯合也。文字言語。皆表示事物之符號。其符號各與對之之觀念聯合。有依言語之音聲相似。及文字之形畫相似。而聯起種種之妖怪的觀念者。如聞昔時文部大臣森有禮子爵之名。而想起幽靈。以四與死音相通。而厭四之數之類。又如咒術。即基於文字言語之聯想者。其他稱妖怪聯想之事者。有屬內界與屬外界。與內外兩界之三種。屬外界者。薄暮暗黑深林深更之類。屬內界者。由記憶中所保持妖怪的觀念之恐怖。或豫期專制等而發動者。屬內外兩界者。柳陰墓畔或從來傳有妖怪之場處。有聯起妖怪觀念之事情。而加之之以宿昔傳說之存於記臆中者。有形成妖怪觀念之傾向。內外相合而生妖怪也。

以上依感覺上之聯想。略述妖怪所由起之原因。由是而說明內界所起之妖怪聯想。然感覺有體外感覺。（即視聽等五種感覺）與體內感覺（即體覺）之別。由是就體覺聯想而一言。體覺者諸感覺中最難定其位置。故因之生幻覺甚易。其例於精神病狐憑病。犬神病等多見之。狐憑病者。以爲其體內某部分有狐居之。其實有多少感覺聯起幻覺或實際無些少之感覺。而自以妄想喚起其感覺。蓋外部感覺得明知其位置狀態。以之自欺而又欺人也難。至內部感覺。已與人共易欺也。因而精神病者。於體內感種種之妄覺。亦聯想之作用也。心內之觀念。互相聯合而存。既已無疑。而一觀念之發動。有於外界有誘因。與於內界有原因之二種。前既述之。然則妖怪觀念之起。非必依外界之感覺。有依內界特殊之原因。而於靜坐閉目之際。自然於想象上聯起妖怪的觀念者。聯起之觀念。雖依漸次發動之思想。精神之狀況。而不能一一明示其連絡。又以心內依一時之事情。而特發妖怪之觀念者。是亦不能明示其事情。雖然。今日心理學上確定一切心象。皆依原因結果之聯絡而結合。無並無原因而得聯起觀念之理。則決無偶然起妖怪觀念之理。我等所不疑也。斯一觀念起。而由之與第二第三第四種觀念前後相續聯起伴生。至搆成極複雜之妖怪想象於內界。要之一切妖怪。無不關係聯想可知。

連接於妖怪與聯想之關係者。記憶也。抑一度見聞經驗之妖怪的現象。成心內觀念。經過若干時日後。再起再生者。是由記憶中保持其觀念無疑。然其保持者。或爲意識而發顯。或爲無意識而潛伏。不可不知妖怪的觀念有無意識的記憶。與意識的記憶之二種。而意識內再現其記憶。必依內外之諸事情亦明也。凡吾人之心海。依外界之風緣。波動而不止。心面常不能靜定。而見高低之動搖。其降於低處者。爲無意識的觀念。如全不存於我記憶。至其點一變而浮出於高處。則爲意識的觀念。而再現於記憶上。故平常之無意識的觀念。不浮於記憶上者。決非消失於心內。而常保持之無疑。其或顯或隱。惟依所値之事情如何而已。

第七十二節　信仰論第一

有關係於聯想者。又有信憑（卽信仰）作用。信仰者。竟於感覺之內外。及於時間之前後者也。例如食時見肉。而謂我信此肉爲豚肉。以其質柔而多脂肪者。此感覺以內之信仰也。又如論死後未來。而謂我信靈魂之不死。信天堂地獄之必在者。此感覺以外之信仰也。又若由記憶想起過去之事實而信之。或推出將來。而信之。此時間前後之信仰也。有名將來信仰之一種爲豫期意向者。是由自所信仰而預期可有此之作用也。其作用之說明。讓次講。又有分信仰爲單信複信之二種者。單信者。

信憑單純之現象事實。復信者。信憑種種原因事情。相合而起極複雜之現象事實。而又以此單信。有不變化性與變化性之二種。如有因必有果。有生必有死。以其事柄本於必然不變之道理而信之。不變性信仰也。反之。卽如明日之晴雨寒煖。易變化者而信之。變化性信仰也。次舉複信之例。天氣晴雨。雖多少複雜之現象。此之於人事社會之現象。猶爲單純。社會上之事。不但推量他人之意志思想。而置信仰於其上爲難。定自己之價值。亦至難也。故自推量其身之價值。而以居如此位置爲信憑。猶且由他人之眼視之。有或過於自尊自大。或過於自卑自遜者。要之信仰作用。由種種之原因而起。決非單純作用。或由習慣。或由聯想。或由感情。由習慣聯想。重以反復經驗。觀念與觀念之聯合益強。其信仰隨而益堅。又由感情之例。適己之情者易信仰。不適者難信仰。次較信仰與知識。二者其範圍不同。由普通所解觀之。例如有酒器於此。不知其中有酒否。惟以推想斷定之者。信此中有酒。而不可謂知有酒。若窺其中實見有酒。始得謂之知有酒。是其知與信之所以不同也。而推究信仰之爲何。不得不論定爲思慮知識之根基。何則。一切推理斷定。由信仰而成立也。例如斷定人者。一種之動物也。自信其如此。又見西洋諸國之富強。而思白色人種者。優等人種也。亦自信其如此。古來哲學上有獨斷懷疑之二論派。雖爲獨斷派偏信仰。懷疑派反信仰。然懷疑派者。畢竟信其所謂懷疑明也。吾人之思想。必成立於信仰之基礎可知矣。

第七十三節　信仰論第二　此獨斷懷疑之二論派。大有關係於妖怪說明。不可不論述之。凡宗教家者。有偏於獨斷之弊。哲學家者有偏於懷疑之弊。是皆失其中正也。今考之於妖怪之上。舊來之妖怪論者。多偏於獨斷。不問何理。惟臆定妖怪而不動者多。反之而今日論者之弊。或徹頭徹尾排斥妖怪談。目爲虛妄爲無根。或斷言一切妖怪。皆不外神經之作用。更不示其理由。如斯者。似懷疑而實獨斷之甚者也。何則。獨斷爲一切妖怪。皆神經作用而不動也。又極端獨斷論者之所言。反有陷於懷疑之傾。何則。獨守所聞。其他不問何理。一切不信之。例如宗教家固執自信之教。爲徹頭徹尾之確實。其他宗教雖有如何明確之道理。不問是非。徹頭徹尾排斥之而不之信。是不可不云獨斷甚。而同時懷疑亦甚也。然則獨斷之極爲懷疑。懷疑之極爲獨斷可知。故不偏於獨斷。不傾於懷疑。而取其中庸。妖怪學研究之要事也。予之妖怪論。由從來迷信者見之。似亦偏於懷疑論者之一人。而決非目世間之妖怪談。爲徹頭徹尾妄談無根。由極端之懷疑論者見之。將又以予論爲偏於獨斷矣。若果一方評爲獨斷。他方評爲懷疑。則其論或稍近中正。與先試爲懷疑家之一人。以排斥從來獨斷論者之所信。世間論者曰。世有妖怪。決不可疑。何則。藉口於古書所傳之事實也。然此極薄弱之論理。若欲成立其論。則必證明傳於古書者無不確實。然不但無其證明。由吾人徵之於從來之經驗。見古書傳說妄談無根之例甚多。又論者有曰。世實有妖怪。何則。吾聞之友人。數年前實見之。是亦薄弱之論也。比之信古書者。則此得諸生存之人。似較爲確實。然於友人所謂決無虛妄虛搆者。須證明也。若其人平素正直。未曾一回食言者。於此特殊之事。亦未必無虛搆於偶然。何則。所知世間平素正直之人。或有爲虛言於特殊之場合者也。縱使其人於此事眞告事實。猶未可信據以爲確實。何則。其事非論者自實驗。而屬於傳聞也。縱由生存之友人傳聞。而傳聞於數年前。及傳聞於二三日前。其於我記憶亦大有所異。若其傳聞在數年前。縱今日記憶爲確據。而其記憶不能無幾分消失。傳聞於二三日前者。以其人之感覺思想與自己之感覺思想。不能無異。非熟知其人之性質。其傳聞又不可信。縱熟知性質。而不知其人以如何事情。如何感動之時。見此妖怪。亦不可信。要之由他人傳聞者。必不免幾分之虛妄誤謬。混入其中。不能信憑其事之全體也。果然非其身實驗之事。不可謂確實。而其身實驗者。亦尚難確信。何者。前時之記憶。經時日而略有消失變更。又或依其當時內外前後事情而起妄想妄覺也。或又有兩人而接見同一時事者。是亦未可爲確實。何則人若其思想且豫期處同一。則由是而生同一之幻覺妄覺。一人由豫期思想於妄覺上得見幽靈。與之有同一豫期思想者。亦可於妄覺上見同一幽靈之理也。推此理考之。三人四人以上。有接見同一妖怪者。亦未可信憑。又依數回之經驗。而遇同一之妖怪者。亦未可以爲確實。蓋我心全注思想於或一事。其所豫期前後同一。亦於有數回經驗。生同一妄覺者。且縱依數回之經驗。所實視者非精神上之幻覺妄覺。而爲客觀上成立之事實。亦決不可以之爲必然之關係存其間。例如有生者必有死云之規則。雖爲必然之理法。而得確信爲一種之眞理。然亦不過如今冬多雪。明年豐穰之成言。未可爲必然之規則也。縱古來之經驗上。數回認其事實。是止可謂之偶然。或蓋然。非古來經驗十十百百。悉能證明此規則之確實也。又如明早太陽出於東云。是實必定。而十百不反其豫定。雖然。若依極端之懷疑論究之。則未云確實也。何者。如一夜之中。生變動於太陽系中。則難保無至其時刻而太陽不出也。若推此理而考之。則知有生必有死云之規則。亦未可確信。何則。其云規則確實者。照從來之經驗而定耳。不保將來經驗上無如何反變之起也。如此則是合一與二爲三。三角之總和與二正角同爲數學之規則。然亦未可爲確實。何則。斯亦依我今日感覺上之經驗而定。其果確實耶。不可保也。由斯而論。不但世所謂妖怪。無一可信。今所謂眞怪。將亦不能認其爲實在。但予非贊成如斯極端之懷疑論。其論之非理。依從來學術上研究。既已證明。於妖怪學研究上。不必更提論之。特以世之妖怪論者。過於信憑。偏於獨斷。罔執讀書聞人自幻覺妄覺者以爲確實。予故排斥之。併論破獨斷學派之偏見而已。

次見排斥妖怪論者之所述。全是淺薄。及極端之懷疑論。一切妖怪者虛妄而非眞實。人之實視之。依神經作用耳。是懷疑之極而獨斷也。何則。獨斷一切妖怪爲神經作用。而更不與之說明也。若歸妖怪之原因於神經作用。則何故神經組織起此作用耶。當說明也。且神經之爲物如何。與外界有如何關係。不可不說明。又縱令神經有現出妖怪之力。固無無原而偶起之理。例如鼓雖有發音之力。無打之者其音不發。水雖有波動之性。不動之則不生。世之多歸妖怪之原因於神經。更不說明其神經之原因。不啻以其爲淺薄之懷疑論而排之。實以其爲極端之獨斷論而斥之。蓋世人所謂神經作用。卽精神作用之義。由是生妖怪云者。卽幻覺妄覺之事。然幻覺妄覺之起。必有其原因。決非發於偶然。而其原因。大抵在內界。偶見有原因於外界者。亦不過爲誘因也。若尋其內界之原因。則有思想之專制意向之豫期等。若更究其專制豫期之原因。則其一部分在外界可知。蓋吾人日夜接觸外界諸象。而生長發育。間形成相關之種種觀念於內界。又有聯合其間而直接間接於外界諸事。以喚起觀念。而惹起他觀念者。由是甲乙丙等種種觀念。互聯起伴生。而植妄覺幻覺之原因於心內。或又有由記憶舊聞妖怪之事。應於數年後內外之事情而再起。說明此等原因者。實心理學之研究。余謂之心理的說明法。故若依心理學的說明時。妖怪之現出。縱令依幻覺妄覺。皆有必然之原因。決非可單評爲虛妄。是予所以不贊成懷疑的妖怪論者也。予之爲說。在折衷於獨斷懷疑兩派之間。而保持權衡中正之理而已。

第七十四節　驚情論第一　以上皆就智力諸作用而論。其與妖怪顯象有關係者。由是而及感情作用。其中恐怖之情。既揭之矣。然恐怖情外。有驚情者。是亦與妖怪大有關係。茲揭其一節而論之。抑驚情者。非獨謂驚愕之情。或新奇之情。或變化之情等。皆攝於此中。而總爲相對性之情。相對性者。甲乙二者相對比。而現其作用之謂。一切知識。一切感情。雖無一非相對。而其中有特別依相對成立者。茲名以相對性之情。今如驚愕新奇變化之情。作用似異。而實基於同理。卽相對性是也。凡人情於平等一樣繼續者。其感苦樂之力漸減。至不見何等之感動。如何快樂。永以同一狀態繼續者。遂至不感快樂。亦如何苦痛。永接之。遂至不覺苦痛。例如風月之美。衣食之美。音樂之美。每日朝夕與之相接而不離。遂至不感其美。或又久呻吟病牀。若憂鬱獄中者。至不感其苦痛。若反之而接觸時時種種之變化。常一新耳目之場合。無何而感愉快。以是知人有好變化之情。卽變化之於人情。增快樂而與趣味。反之而不變化者。與人以多少之不快也。人之好旅行。以喜風景新奇。好轉地移居。亦不外此理。又人旅行時。其途上風景變化少者。雖近若遠。其途上風景變化多者。雖遠如近。乘奧羽鐵道之汽車。常覺無聊。駕東海鐵道時。終日不覺其倦。亦此理也。人棲息於天地間。有春有秋。有寒有暑。四時變化。而使人終年快樂。若春夏秋冬同一之氣候同一之風景。必使人大感不快。世人往往爲言曰。春秋二季之氣候。不寒不熱。若望終年如斯者。果其終年如斯。將不免減人之愉快也。蓋人在天地間。送五十年前後之生涯。無論不幸患難多出於其間。而使人生感相應之快樂。同有不願去此世間之情。固以四圍現象。自然的社會的。共變化不止。能與人以快樂也。以是知好變化厭不變化者。本於自然之性。是即人所以有好新奇之情也。夫新奇者。接於平常見聞不慣之事物而起。依變化相對而生者也。至食物衣服居所器具風景人事社會之現象。苟有異於平常。必接之而惹起新奇之感情。今驚愕之情與之同理。由所接之現象變化。反於我豫想而起。故名之驚情。有苦痛快樂。以及不苦不樂之三事。例如旅人知在鄉父母之無恙。毫不豫想其死。突然接訃音而驚者。苦痛性之驚情也。反之遠遊他鄉。數年間絕音信之鄉友。忽邂逅而驚者。快樂性之驚情也。其他偶然驚愕之場合。有不苦不快者。故驚情與變化新奇之情同其性質。際會於異常狀態之變化而起。是皆與其平常接見之事比較對照而起者。故總名之爲相對性之情。有加此情以抑制及自由之情者。抑制之情。

例如心中有一種之情。而又有反對之之情。乃以一情抑制他情。其時所感之情態。所謂苦痛性者也。總之人之性情。常不能以一種支配之時。而有二三之情並起。競爭抗排於其間。至於其力强者壓弱者而感起制抑之情。其時雖感多少之不愉快。若制其中之一情而得從自由。至心面之競爭靜定。則仍感愉快。是謂自由之情。卽自由之情與抑制之情反對。而除其抗排性之情。則又起快樂心之情。以此情者與抑制之情相對而起。其情之强弱。又伴於抑制之情之强弱。故名之以相對性之情。

第七十五節　驚情論第二　前節既述驚情之性質種類。今就驚情與妖怪之關係而述之。抑驚情者。大可爲妖怪現象之原因。就中新奇變化之情。必連結於妖怪現象而存。既余解妖怪爲異常變態。其所謂異常變態者。全變化新奇之義。世人若不見異於平素之事物。不惹妖怪之觀念。例如古代以彗星之出天界。虹霓之現雲間。流星之落。夏日之雪。謂之妖怪等。皆以見異常現象。又如見奇草異木奇鳥異獸。謂之妖怪。又如平常見慣之動植物。其經年甚久。其生長繁茂非常。則見之亦以爲妖怪。例如老松古杉爲之神木而祭之。日本多所見也。果然則爲妖怪之一部分。依驚情而起可也。今尋其爲快樂耶。苦痛耶。妖怪之情。大抵屬苦痛性之情也。然則新奇變化之情與快樂性之情。此二者將異其性質耶。抑新奇變化之情。雖不與快樂性之情相違。而達其極端。則反生苦痛。雖如何快樂之情。超其適度。皆不得不爲苦痛。是苦痛與快樂。所以不得不異其種類也。斯賓塞爾氏謂同一之心象。過不及之兩端爲苦痛。其中間爲快樂。故人雖好氣候風景之變化。若其變化失適度走極端。則感不愉快。今如妖怪。蓋變化之稍走極端者。是以超愉快之程度。而起苦痛。又妖怪現象之使人不安者。由其原因之不明。凡原因不明而道理可疑者。輒使人起危懼不安之情。人之接妖怪現象。而感不安。固當然之事。蓋妖怪現象之所以起驚情者。不獨其現象在豫想外。實其原因在智識以外。故尤感驚愕也。例如智識淺小者。接智識以外之事。必驚愕。而又同時起恐怖之情。故依妖怪而起之驚情。非快樂性而苦痛性也。然以人有好新奇變化之情。知妖怪之可驚怖。而又有好之者。以是世人於普通之談話。不如妖怪談話之可喜。有非妖怪事而敷衍增飾以假裝妖怪之傾向。且人者。生來有多少辯護妖怪之癖。由他人傳聞之妖怪。而更語於他人。則自立於辯護者之位置。務望完全其事而若可信。全依人好新奇變化之情。而假搆妖怪事實。凡民間怪談頗多。皆依此情而起也。又如家庭小兒。亦有普通談話。不如聞妖怪談話之好。是無他。人者由幼時既有好新奇之情。以是如日本者以怪談充家庭。或又如芝居小說新聞寄席。有依怪談以引客之風。無非依此情之存於人而已。以妖怪情之爲苦痛性。而人反好之。其理雖甚難解。是非獨妖怪談然。人之恐地震或噴火。依之而聞壓死之狀態則不厭。其理亦同。誰其喜震災者。就之而表同情於我心。隨而畫種種之想像於心中。聞其事。充其想像。却所以與人滿足。遂得感幾分之快樂於其間。是安心所以卽快樂也。且人者無苦痛性快樂性之別。自喜見聞未經驗之事實。其情全由好新奇之情發也。人之見演劇而喜。其理亦同。之演劇所見者。多示人人世之不幸苦難。現苦痛之狀態。見之者實不堪其苦痛。或含淚而表同情。而喜看之。其理似難解。是亦以滿足人之想像而使感快樂也。雖然。若一身之上。直接感苦痛。誰則喜之耶。

第七十六節　恐怖論第一　驚情之外。或愛情。或怒情。或我情力情行情等。皆多少與妖怪有關係。例如親愛子也切。而呼起種種之妄想幻覺。不幸而其子死。如見其亡靈。此依愛情而生者也。又人大忿怒時。精神多少錯亂。感覺事物之現象。不能辨別其道理。恰有呈一時之狂態者。是亦可爲妖怪現象一種之原因。又人以有利己之情。有故意作爲妖怪以營私利者。是余所謂人爲的妖怪之所以生。世多虛搆之妖怪。全依人有此情。又有好勝好名之情。隨而至故意的作爲妖怪之多。蓋英雄以權謀術數作爲妖怪之例。古來多有。全被支配於此情。而如斯之情。心理學所謂我情。換言則名利之情也。又爲力情行情。要不外我情之一種。人與人互較其力。勝則喜。負則悲。名之爲力情。自欲爲一事。達其成功而喜者。名之爲行情。而人爲的妖怪。依此二情生者亦不少。蓋人者。皆有勝人之情。世間事不如意，一片之迷雲。忽鎖心天。欲依賴鬼神魔力以達其目的。商法家與工業家。皆祈願於神而望致富。或祭福神祭疫神以祈一家一身之幸福安全。又自期計畫事業之大成。而仰神佛之助力。或絕酒而祈念。或絕食而祈願。或用御禮御守。皆由力情行情之刺激。要之今世之迷信者。不得不坐以爲力情行情之奴隸。而逞自己之私情以使役神佛之罪。至此行情。往往以結果成效之不可必而迷之。如鑛山事業。如投機商。最人易迷之事業也。知如斯結果之難。必定非人力可達。祈願之於神佛。猶以爲未足。或依卜筮。或人相。或御鬮等。求卜定其結果。彼卜筮人相家者。乘人有如斯投機心。而遂設種種之方略。以營私利。果然。不得不云我情力情行情三者大於妖怪有關係。雖然單情中最於妖怪有關係者。恐怖之情也。故余特揭恐怖論而細論其性質先之情緒者。如前述。分爲單複二情單情有驚情愛情怒情懼情我情力情行情之七種。其中特與妖怪有密接之關係者。以懼情即恐懼若恐怖之情爲第一。抑恐怖之情苦痛性之情也。由前知將來之災害苦難而生。例如恐震災。恐火災。恐水災。恐病患。由想像其所來之災害苦惱而生也。如未有想像之小兒。雖如何災害將來。更無見恐色者。然小兒者却有恐兩親恐大人之事。是不必由前知災害而由自感其力之微弱。彼動物之恐人類。奴僕之恐主人。與之同理。皆由身心若權力之薄弱而生恐怖也。又有依道理之不明。及結果之不定而起恐怖。學生恐試驗。人民恐法庭。田舍者恐出他國。不學者恐有知識者。皆依道理結果之不明不定。又凡人從事於未經驗之新事業。必生多少恐怖。其理同一。由其人自疑懼能堪其事否。而所最恐者。以死爲第一。世間一般恐天災。恐病患。或恐戰爭與航海。要當由於恐死。而人之恐死。由於恐一生快樂志望之絕滅。而前途闇不知何所歸向。要之考恐怖情所起之原因。第一危難之前知。第二良心之薄弱。第三結果之不定。第四道理之不明。

第五前途之冥闇。第六快樂之滅滅等也。而其勇氣依於體力情力智力意力之四者而發。又要有自信之力。惟體力而已。其力雖足以扛鼎。非智力意力伴之。仍不免恐怖之生。又雖有智力而眼讀萬卷之書。若欠意力。臨事仍猶豫躊躇。不能爲果斷之行。又雖富意力而有果敢勇斷之風。若體力薄弱及智識想像不明瞭。仍不能無恐怖。雖然。是等之原因。非可獨依教育而養成。又非可獨依意志而左右。人有生而有多少恐怖心。其情觸機臨事。自然發動。決不可隨意抑制者。例如道理上深夜通過墓畔。雖知毫無可恐。而夜中至其處。不知不識。恐之之情動於心。不能自制。又晝間意氣堂堂。挾有天地之風。而夜無燈不能出戶外者有之。故吾人之恐怖心。爲遺傳性。或本能性所存。可知彼之宗教信者。信未來有快樂之世界。雖更不疑。而猶若厭死者。全由一種恐死之遺傳性也。以是知人有恐怖之情。爲人間自然之本性。不能依教育經驗之力而改變。雖然。依教育之力。得多少變化其性。卽養成體力智力意力情力。而其結果恐怖心之得滅。亦不可疑也。然則何故而人之遺傳性有恐怖心耶。此問題者。妖怪說明必要之事。今聊論述其道理。抑吾人至於爲今日之生存者。無非極永年月之間。加種種之競爭。而能保持生成之結果。卽其目的者。不外於追生存保全之途而進行。此之生存保全。有自己生存與種屬生存之二樣。向於害自己生存。或與之不利之方而進。固不能見今日之生成。又向於妨種屬生存之事情而進。亦不能達今日之結果明也。吾人者。今日既有如斯繁昌之社會。則古來吾人之道路。曾通過多許助自己生存及種屬生存之事情也無疑。即加種種之競爭。而占勝利以至此也無疑。果然。則吾人自然避害其生存之事情。而就利其生存之方向而進化。是即恐怖情之所以起。而有害生存如天災地災人災者。不免恐之。又其力强且大者且恐之而欲避之。以至養成此情也。故人有恐怖之情。起於保全生存之所不可缺。其發達者。決非依一人一代之事。經數世數代而爲遺傳性者也。果然。則固難依一時教育之力而變更之。雖然。進化規則。有遺傳與順應之二法。吾人性質。非獨依父祖之遺傳性而成。亦半由順應而適合其一代之教育經驗。故如人性固有之恐怖心。亦幾分得依教育而改變者。理也。殊如由無智而生之恐怖心。依教育上智育之進步而得除去。然人之恐妖怪。依恐怖而生者少。由無智而生者多。醫之之法。亦依教育而足矣。

第七十七節　恐怖論第二　既說示恐怖心之性質起原由是而述其情與妖怪之關

係。既恐怖心之生。有種種之原因。則恐怖之爲物。不可無種種之類別。今就妖怪之恐怖。如或恐幽靈。或恐鬼神。或恐狐狸。欲依祈禱禁厭而避之。或恐天變地異。或恐病患失敗。或依卜筮人相等而前知吉凶。雖云共出恐怖心。亦自異其種類不容疑。由是與妖怪有關係之恐怖心。有何種類。不可不考也。凡世所謂妖怪者。雖稱幽靈狐狸等。而接之而起之恐怖情。決非限於一。由種種之恐情相結。而呈妖怪現象。遂生豫期意向。專制思想。從而生幻覺妄覺也。今舉其恐情之重者。或以恐感。或以怖感。或以氣味惡感。或以物感。其所見者之容貌及體力。非常强大。自知不能敵之。自然於其身想出危難以生恐者。普通之恐怖也。然又有不於一身上豫想危難。見其狀貌之異常。與感其氣味之惡。是雖不外一種之恐怖心。而與豫想危難所生之情異其性質明也。是實由事柄不明而其理難解而生者也。例如見鬼而恐。見大人迹而恐者。由豫想危難而生。至如見幽靈而恐。見陰火而恐。由其心有所怪而生疑懼之恐怖也。或深夜過森林中。逢小兒若婦人而恐怖。是決非豫想危難之所生。實依其理難解而起者也。又俗所謂氣味惡感者。其意亦異。例如當食。而米飯之中。見味噌一片存時。或汁中見一粒之米飯時。謂之氣味惡感。或見如虱如蛆糞蟲不潔蟲多集時。亦謂之氣味惡感。是等決非由道理不明而生。實由人之好清潔厭不潔之情而出也。雖然。若更尋何故而人有厭不潔之情。亦由關係於其身之健康而起也。蓋吾之欲維持身命。必擇清潔之地而就之。選清潔之食而取之。是以古來進化變遷之際。自然有厭不潔而好清潔之情。從而見清潔與不清潔相混。則生氣味惡感也。雖然。其中有多少怪其狀態異常與恐其結果難定而起者。故同一氣味惡感之中。含有種種之恐情可知。又所云物感之中。或見幽靈若陰火之青白色而感。或見荒茫之景色若極幽邃之山水而感。決非一樣。而亦非僅由恐怖之情而生妖怪。又有由所伴之種種觀念思想而起者。殊如幽靈者。最有關係於精神作用。由精神之事而大異其恐之之度。若其人曾苦他人或害之而有怨恨者。其恐妖怪也甚。或有自依之而惹起精神病者。反之而心中並無害人之事。則其人雖見幽靈之現而恐之也不甚。由此觀之。恐幽靈者。與其人心中之狀態大有關係。且如妖怪者多出於薄暮若夜中。而白晝見之者甚稀。是由白晝者吾人視覺判明。其所判種種事情道理明瞭。是恐怖情之所以少。而夜中如暗夜深更之所以尤多也。然又有一種異其性質之恐怖情。例如雖在白晝。而獨坐四鄰寂寥之空屋。或於廣厦而終日閑居。有無端而生氣味惡感者。此之恐怖。與旅行無人之境而生恐同理。由人之自然性而發也。而其發之原因。由於知人力之微弱。難以孤獨生存。反之而他有所依賴時。人意添力。恐怖自少。故多人相結旅行。或多人相集而居住。更不生恐怖也。由斯自然之情。如白晝獨居廣厦而生恐怖。則夜中住此。恐怖尤甚。此大名華族之家。所以多出妖怪之例也。今試舉妖怪所關之恐怖情而分類之。先大別爲陰陽二性。而又各分爲有體無體。如左表。

妖怪的恐怖
- 陽性
  - 有體（陽性）
  - 無體（陰性）
- 陰性
  - 有體（陽性）
  - 無體（陰性）

陽性者。妖怪力強。能爲我害。故恐怖之情亦強。陰性者。妖怪力弱。故恐怖之度不強。而其量要大於陽性。是故陽性強而小。陰性弱而大。今舉其例。如遇膂力勝人之怪物而恐之者。陽性之恐怖也。見幽靈之附於柳枝鬼火之游於空氣而恐之者。陰性也。至於有體無體。則在目見與否之異。如見大怪物。陽性之有體者也。夜中聞覆屋之聲。或石由窗入。或物由上落。直有禍及其身之恐。而不見其形。陽性之無體者也。幽靈鬼火陰性之有體者也。獨坐空室而恐。陰性之無體者也。以此有體無體。亦有陰陽兩性之別。陽性無體者。爲陽性中之陰性。陰性有體者。爲陰性中之陽性。又此陰陽兩性。有平日並非妖怪。而以時以地。忽發妖怪之恐者。如婦孺力弱。白晝見之而不恐。遇之於深夜深林之中。則有大恐者。以此考之。卽僅此妖怪學。已得爲完成一科之心理學也。然則妖怪之恐怖有種種。而其情多有自然發動。而不可以意力左右之者。是由其情經數世之進化發達。以爲遺傳性。而其發達也。本進化之大法。從生存保全之規則。無疑也。卽其所恐之物。而一一解剖之。其各部分關係於生存上者如何耶。是不可不考怪物之性質。如美學家必考美之性質是也。世人知美之爲美耳。以學術考之。必分析其所謂美者。而一一示其成分。如美麗宏壯適合一統等是也。然則妖怪之爲物。亦由種種之性質而成可知。卽以幽靈言之。其色其形。及其他種種之性質。不可不一一分解。今此以問題非獨關恐怖者。姑略之。更有關於恐怖之要點。則同情是也。凡一人之恐怖。感傳於他人。而起其同情。則感覺倍强。故有一人恐怖。而忽使衆人同生恐怖者。於是知有個人的恐怖與社會的恐怖之二種。於是不可不先講複情。

第七十八節　複情論第一　抑情有單複二種。前既述之。而未明複情與妖怪之關係。今先述複情之性質。凡複情者。有單情種種相合。而加之以智力之混。遂有一層複雜之狀態。又單情者。自己的（即個人的）之情。有直接於自己之利害者而起。複情者。非箇人的。而由社會或世界之觀念起。此其別也。夫同情者。社會的情操之根基。而各種複情所由起之本源也。例如人之愛他人愛國家。皆由同情生。而道德之情。多由同情成立。是爲複情之初級。次之有智情。即智力之情。美情。即美術之情。德情。即道德之情。宗情。即宗教之情。是皆複情也。智情者。以得眞理爲樂。其目的可謂在眞。美情者。其目的在美。不待言。德情者。以道德上得善爲樂。其目的可謂在善。故以上三者。以眞善美爲目的者也。對之而宗情者。以眞善美相合而一爲目的。求之佛教。蓋以悲智圓滿之體爲目的。而余欲以妙字統之者也。故曰。宗教之目的在妙。至於妖怪之情。如驚情懼情。謂之單情者。以爲愚俗之情耳。其或參之以智識。則亦複情之一種。其異於普通複情之點。在於非快樂性而實苦痛性。蓋智情德情美情等爲積極的複情。妖怪之情。則消極的複情也。其情爲宗情之反對性。而與之有表裏之關係。故謂之怪情。

第七十九節　複情論第二　抑複情的怪情者。非獨以恐怖之情成。又有好奇好勇之諸情相結。加之以智力作用。而形成一種之複情。其情雖個人性。至其複雜而加多少之同情。遂有含非個人性者。蓋人之精神。具有智情意三作用。其三者互相連結。一作用起。則他作用隨之而起。然其作用之中。又有因關於智者多。或關於情者多。而生差別。智力與妖怪之關係。前既詳之。至情緒與妖怪之關係。觀吾人接觸妖怪而必誘發苦樂之情。可知也。其情也。雖大抵苦痛性。而又非無含快樂性者。若考之單情之上。怪情者由驚情與懼情成。懼情雖苦痛性。而驚情則苦痛性快樂性兼有之。至新奇之情。則全快樂性也。故單情的怪情。可謂兼有苦樂二性者。至複情的怪情。則當分妖怪爲假怪眞怪之二種而論之。蓋假怪之至於複雜者。其情爲美情之反對。如長身青面一目三目。皆反對美性。因之而起苦痛性耳。俗所謂幽靈。凡成於畫工之手者。一見而知爲不美。如彼地獄變相之類。雖稱妙畫。然誰觀之而以爲美。因之而感快樂也耶。西洋之幽靈。四肢五體雖存。其容色決無示美者。故怪情者。大抵美情之反對而於複情中爲苦痛性之情也。雖然。其中亦非無含美性者。自幽靈亡者以外。一切奇奇怪怪。不可思議。亦有含美麗宏壯等之性質。例如奇草異木嘉祥奇瑞。雖妖怪而非苦痛性。又如入深山而遇完全無缺人界不見之美人。雖謂之妖怪。而毫無醜性。由是觀之。怪情者。非獨美情之反對。且寫之於美術。轉示美性而生幾分之快樂。故人多喜妖怪之小說。及妖怪之繪畫。要之妖怪有苦痛性快樂性二種。其苦痛性者。考於想像上。亦有快樂性可知。然則謂複情的怪情之要。卽單情中驚恐二情之發達可也。其他怪情。又或爲智情之反對。夫智情者。喜知識。厭無識。妖怪旣生於迷誤。則必現於無識之上。可知。佛教之解妖怪也。謂不外於人之迷妄。其結果不得不謂之苦惱。是其教之所以以脫生死苦界。達涅槃樂岸爲目的也。然而人之喜聞怪談而願明其理者。由智情之作用。有智情漸進怪情漸衰之傾向。是無他。普通之怪情者。假怪之情。是以智識進而妖怪自退也。又以德情與怪情比之。實有正反之關係。何則。一切道德。皆以善爲目的。妖怪者關係於不善。例如天災地變。天地之大妖怪。害於人類生物。是實不善性之作用也。或如幽靈怪物。多與罪惡怨恨有關係。道德家之生靈死靈。誰則恐之。惟大惡大奸。若有怨恨者。當其死而有幽靈怪物之恐。故怪情多關於惡性。然其中又非無善性者。且其惡性。或亦爲懲戒惡人之方便。其目的全在於達道德之所謂善。則雖謂妖怪與道德相合可也。

以上示假怪與複情之關係而已。若論眞怪。則全與宗情相合。何則。眞怪者。不外於宗教。所謂無限絕對不可思議之體。而與假怪反對者也。如左表。

- 複情
  - 快樂性—積極性
    - 相對性
      - 智情—眞
      - 美情—美
      - 德情—善
    - 絕對性—宗情—妙（眞美善）
  - 苦痛性—消極性—怪情—妖（不眞不美不善）（卽僞醜惡）（卽不妙）

第八十節　複情論第三　上來所述之情緒論。不過本培恩衰未等諸氏之心理學。從普通之分類而說明之。且辯明其各作用與妖怪之關係。惟余於複情之一部分設怪情之一種。而論其與他諸情之反對。此普通心理學所未說也。又於先輩分類之外。設妖怪學上一種特別之分類。爲從來心理學家所未唱者。即常情怪情二種是也。蓋一切事物。有常態變態之二種。吾人之精神作用。亦有常態變態之二。故於第二講學科篇。分學問全體爲正式變式之二科。又先於理論之應用。述其有內外二途。併於心理學。述其有正式變式之二樣。蓋客觀的事物。主觀的精神。物理心理。皆有常變二態。照事實考道理。甚明也。然則心理作用。皆有常變二態。(即正變二式) 而其中感情作用。必當有常情變情之二種無疑。變情者即怪情。抑變情之義。屬於精神病狀態時。與屬於妖怪時。自有二樣之別。其分類如左表。

- 情緒
  - 常情
    - 單情
    - 複情
  - 變情
    - 病情
    - 怪情

病情者。是亦不外於一種之怪情。前已以精神病爲屬於妖怪可證也。雖然。病情者。例外之例。與普通之妖怪。又稍異其性質。則暫除之而獨論普通之怪情可也。凡人者。其自然之性。接觸於異常或不可思議時。必怪之。而且求知其理。既知其理。更進而求於他之異常或不可思議者。以此人情常向妖怪而走。不能安於既知既明之地位。而向於未知未明之境遇。故俱好怪事。樂聞怪談。又有卽妖怪事實而潤飾之回護之之情。是余所以言人本有怪情也。世間有可知的界。不可知的界。其一有限相對之境遇。其二無限絕對之世界也。而在有限相對界。觀情緒之發動。卽常情之作用。對無限絕對界。視情緒之進向。卽怪情之狀態。推究此二者之別。知情緒之所以有常怪二種。然而由此有限進向於無限之情。是宗情而非怪情。蓋怪情與宗情。其所歸雖一。其範圍又有所異。抑宗情亦有通俗的與理想的之二種。余獨卽理想的宗情而述之。則所謂宗情者。卽向於眞怪而發動之情操也。而余所謂怪情者。卽合稱假怪眞怪之情。而惟舉其對於假怪者。其方針則在於進向眞怪之途次。由有限者進行於絕對之情而已。及假怪極而達眞怪。眞怪者。卽宗怪二情相合之一點。此點者。實諸情之最上也。故妖怪極而宗教始現其眞光。然照達此之途次者。教育之燈臺也。蓋拂假怪者教育。而開眞怪者宗教。故宗教教育二道進步。世所謂一切妖怪者。雲消霧散。而不留其形。然而宗教教育者。外因而非內因。其內因卽吾人所有之怪情。怪情雖迷誤之情。而其裏面有進向眞怪一種之蒸氣力。其外部示假怪之迷情。其內部含眞怪之實相也。以此觀之。怪情者。實位於常情之上。若更擴充此情之意義。謂一切常情。皆由怪情之眞相發現。豈不可耶。

以上所論妖怪有假怪眞怪之二種。其怪情亦有假情眞情之二種可知。卽外部所發動者爲假情。內部所含有者爲眞情也。以假情關於假怪。而與教育關聯。眞情關於眞怪。而與宗教關聯。故更分情緒如左。

- 情緒
  - 常情
    - 單情
    - 複情
  - 怪情
    - 假情
    - 眞情

若舉此理而推究之。則妖怪學者爲體達於宇宙機密之一種門徑。可知也。

第八十一節　想像論第一

想像有再想構想之二種。前既言之。抑構想有三種。智力的構想。感情的構想。意志的構想是也。例如學者欲究明眞理。發見新說。必先有想像構成假說。由是而施研究。是智力的搆想也。小說家詩人畫工。描出未嘗見聞之風景人物。以滿足人情。是感情的想像也。吾人當言語動作。預想定其目的及達之之方法。而使其言行適合之。是意志的想像也。而此三種中。最與妖怪有關係者。爲感情的想像。其想像也。從喜怒恐怖等情而起。非皆合理。然其最高等者。不但合理而已。亦能合體於理想。至其最下等者。或全反於經驗上之事實。則謂之妄想迷見而已。或又分想像爲分解的及創設的之二種。分解的者。分解種種之再想。甲之一部分與乙之一部分。互相聯合而搆成新想像之謂。例如想像人身鳥翼飛行空中之怪物。是創設的者。全創造一種之新想像。其各部分皆以未嘗經驗見聞之新影像成之之謂。而細驗其各部分。雖亦由從來經驗見聞事物之觀念。種種結合而變成。惟比之於分解的。則較爲參互錯綜。不能一一詳其各部分之所出而已。蓋分解的者。單純之搆想。創設的者。錯雜之搆想也。或又分爲增大的及幻妄的之二種。增大的者。實際見聞事物之再想。增大其形狀。而現出於搆想上之謂。若以其搆想與實物較之。惟數倍其形狀之增大而已。非失實物之性質。例如普通人類。其身長雖不出五尺。乃至六尺。於搆想上。得想見有金身丈六人。雖然。人猶是人。惟有大小之別而已。次幻妄的者。構成全與實物實際相反之想像。經驗上人人不得見聞者之謂。例如夜叉。如幽靈。如一目三目。實際上不可目擊之搆造。是卽心理學中幻象妄象之所以起。而感覺上之幻妄。蓋卽以此想像爲原因也。對之而增大的想像。卽變覺變象所起之原因。以上皆感情的想像。而欠智力意志之裁制者。其甚者。至呼起一切幻妄之想像。然而終不能搆成十分無理之想像。例如一圖形而終不能同時有圓形且有方形。又如想出此世界除去時間空間以外之狀態。凡此皆不可得想像者。故搆想上之幻妄。得想見實際上不可見聞者。而不能想出思想道理之不相容者也。又想像有有意的與無意的之二種。有意的想像者。吾人以意志豫畫於想像上之計畫。例如小說家畫工詩人。以種種工夫思考而構成想像是也。無意的想像者。吾人不待以意志左右而自然想出。卽吾人平常見聞經驗之際。種種想像之非由意力而自生自變者也。由是當述想像與妖怪之關係。

第八十二節　想像論第二　抑智情意三種想像中。感情的想像。正與妖怪關係。亦可名之爲妖怪的想像。凡妖怪雖卽外界實見之現像以立名。而十中八九。依於我精神作用之影響而生。例如幻覺妄覺。皆依我精神之激動變態而生甚明。又世之妖怪談。大抵皆增大潤色其事實而以小說法搆造者。是亦由妖怪的想像之故。又妖怪有人爲的與自然的之二種。人爲的者。吾人以意志工夫造出一種之僞怪。是全依有意的想像者也。自然的者。依於有意的無意的兩想像者也。然其自然之妖怪。又有眞怪假怪。假怪者依志情意三種想像之有限性。眞怪者依無限性。於是分想像爲有限無限之二種。而有限性。又有合理與否。更分爲合理的非合理的之二種。其非合理的。又有屬於感覺想像與屬於情緒想像之二種。其表如左。

- 想像
  - 有限性
    - 非合理的
      - 感覺的
      - 情緒的
    - 合理的
  - 無限性卽理想性

此中感覺的想像。其互感之欲。卽應於體欲而起。爲最下等想像。其不合理。蓋不待論。情緒的想像。應喜怒之發情而起。亦往往有走於妄想者。如妄得富貴之想像。又妄得名譽之想像。其一例也。此感覺的情緒的二者。先所謂感情的想像也。次合理的想像。卽智力的想像。依吾人之智力以制限想像。且依於道理而搆成各部分者。故名之爲合理的。然道理又有有限性無限性之二種。普通之智力的想像。基於其所謂有限性道理。例如哥崙布於發見新世界前而想像之。或如牛頓於發明引力前而想像之。皆有限性合理的想像也。何則。是皆就有限相對之事物而推理者。若於想像上想出無限絕對。超有限之範圍而達其外。則爲無限性想像。然達之之階梯。有用道理與否者。若不依道理以妄想的想出。則雖云由有限達。而終屬於不合理感情之想像。若徹頭徹尾依道理而達觀於無限絕對。是所謂無限性合理的想像。可名之爲理想的想像。或單名之爲理想。此理想中智情意三種想像相合而爲一體。併與所謂無限者合體也。是謂眞怪。抑吾人之生息於此世界也。有喜有憂。有悲有苦。或笑或泣。浮沉出沒社會人情之風波間。不得不渡一生之浮橋。故此世決非絕對的快樂之世界。無限的幸福之國土。於是吾人者望開立無限絕對之別乾坤於想像之界裏。遊朝夕懽樂之花園。住不死之仙境。是皆想像之力也。嗚呼生息此不幸世界而多患之人。所與滿足幸福者。實可云想像之賜。然若其想像陷於不合理的走於感覺的。則不但不得眞正之快樂。却至於不幸而更不幸。多患而更多患。何則。依是而想起者。總是有限相對一苦一樂之狀態而已。反之而依無限性道理起理想的想像。而依之以達觀絕對世界。開發眞怪之靈光於吾人之心中。乃可於方寸界中現立極樂淨土。嗚呼。此不幸多患之人。願駕理想之舟。遊絕對之世界。而能到此之要道者。亦不外於其心中排假怪之迷雲。以望眞怪之明月。是研究妖怪學之所以爲要也。

第八十三節　願望論第一　連帶於想像及感情而有關係於妖怪者。願望也。願望者。我精神上所有之欲望。由想像而實行。不相伴而起者也。凡人心無不欲快樂厭苦痛。當其想像快樂而無達之之力。於是願望起。故其目的易達者。無所謂願望。例如親子同居。朝夕聚首。不起互欲相見之願望。一朝遠離數百里外。則不堪倚閭陟岵之情是也。人力必不能爲之事。亦無所謂願望。例如乘風遊月世界。是必不能遂者。故亦無起此願望之人。是願望與想像之所以異。想像者有由人力以內走於人力以外之傾向。願望者吾人經驗上力所能及。而現在事勢所不許者。感之尤切。是願望者由感情及想像而起也。要亦有由願望而更增大其想像者。又有由想像而稍滿足其願望者。例如在貧賤之中。願望富貴。想像他日得富貴而滿足。或想像死後生天國。得無上快樂而滿足。是也。反對此願望者。曰嫌惡。願望由欲快樂起。嫌惡由厭苦痛起。故一爲快樂性。一爲苦痛性也。然而此二者。非必由苦痛快樂而起。實就關係苦樂之事物而起。例如名譽富貴。非其物之快樂。而爲使人快樂之要具。若反對之惡名貧賤。非其物之苦痛。以依之而引起苦痛。故人皆嫌惡之耳。人有願望與嫌惡同時起者。又有種種之願望或種種之嫌惡同時起者。例如願望名譽。同時願望金錢。願望富貴。同時願望智識。願望妻子財寶。同時而起嫌惡之心者。然亦自然起選擇作用於其間。而後向其力最強者而定意志。於是意志與願望有密接之關係。二者其性質亦頗相似。所異者。願望爲精神上之欲望。更不問其實行之之方法如何。意志則有關於實行之作用。不惟向一種目的之欲望。而指定達此目的之方法。願望爲想像的。意志則實行的也。例如欲富者。不過掌握萬金之願望而已。意志者。向得此萬金之目的。而實行其方法之所關也。而意志作用。卽以願望爲原因。然則願望與動機。同一耶否耶。動機者。意志諸原因之總名。願望則有時亦爲意志之原因。而二者之間自有所異。何則。動機者。直接意志之原因之名。必有發現其結果於行爲上之性質。其目的之生快樂與生苦痛。更非所關。願望者。非必爲意志之原因。又其性質。非必有發現於行爲上之傾向。而其起也。必向快樂而發動也。是動機與願望之異也。

第八十四節　願望論第二　然則願望與妖怪之關係如何耶。抑妖怪有苦痛性與快樂性之二種。前既述之。如幽靈。如鬼物。喚起人之恐情者。苦痛性也。反之如鳳凰麒麟引起奇情者。快樂性也。又天災地災者苦痛性。瑞氣祥雲者快樂性。其既有快樂性者。對之而起願望。有苦痛性者。生嫌惡。而其苦痛性。苟不在直接苦痛自身之限。有奇情者。却有願望之傾向。是則願望與情緒互有關係。情緒既有常情怪情之二種。而願望亦不可無之。如左。

常態的願望　（卽伴於常情之願望）

異態的願望　（卽伴於怪情之願望）

人人有多少異常的願望。欲見妖怪之現象。欲開妖怪之談話。雖然。比之常態的願望。願望中自混嫌惡。有好惡參半之狀。例如幽靈談。怪物談。人雖欲聞之。決不欲遇之。惟動一種奇情。而欲聞其談話而已。雖然。人既有多少願望之傾向。乘之而人爲的妖怪之虛搆

此页缺页

此页缺页

此页缺页

此页缺页

則大異之。如或驚愕。或恐怖。依一時之原因而走一時之變態。或意志全失其力。或判斷大誤。或舉動大異於平常。其原因既去。而經過一時。精神亦復其常態。意志亦靜定而保其權衡。是怪意與病意之所以異。有前者久時性後者一時性之別。今案此怪意所起之原因。亦有內外二種。外因者。就外界所現之怪事怪物。而於吾人精神上引起意志之變動。是也。內因者。由精神內部一種之事情。或來思想專制。或生豫期意向。其結果呈異常於行爲舉動上。是也。就中豫期意向者。關於變意之作用。因之而生不覺筋動。亦變意作用也。此不覺筋動者。依精神之變動。而意志失其權衡。在病的與在怪的。皆有多少所生的現象。而講妖怪學者不可欠之問題也。而其事於精神病最多。即精神病者時時刻刻之行爲。多出不覺。且此狀態。在平時吾人之所經驗。依一時激因而生者。姑勿論。常有並無原因而一舉一動不自識覺而爲之者。由是觀之。病意與怪意與常意。決非可判然分界於其間。惟比較上立此三者之別而已。蓋此三者。非異其種。惟異其度。故余謂變式的心理學。非離正式的心理學而存。二者基於同一之規則道理也。雖然。由外面觀察時。常意與變意異其態。以便宜分之。故其異。非規則之異。而應用之異。非道理之異。而事情之異也。是余所以於正式的心理學之外。唱設變式的之必要者也。今更舉變意之狀態。以圖式示之。可參觀第六十七節之諸圖。

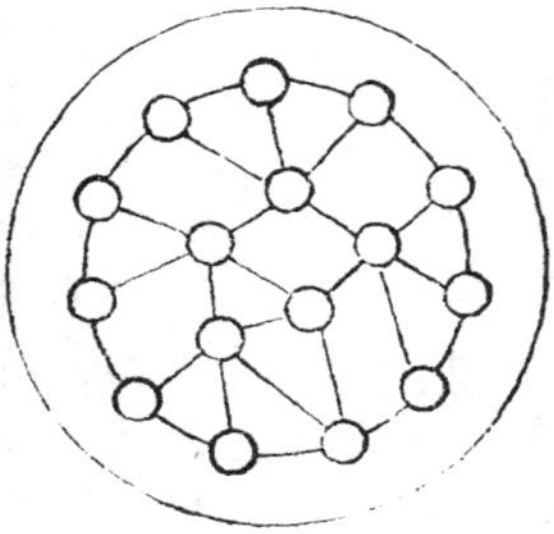

此圖大圈示心界之全面小圈示心面上所存各種之觀念。其小圈與小圈間之連絡。即觀念之連絡也。若一原因生於觀念之上。由其連絡而隨起各觀念之結果。生一種之動機。依之而呈意志作用。由其所結合觀念之種類與數之異同。以為其動機及意志上之異同。自然之理也。若變動既甚。各觀念之中心。一變而至於變自己之位置。以是精神上有變動時。不惟感覺知覺之上生幻妄。智力推理上生迷誤而已。且至行為舉動上起異常。而呈變意作用也。

第八十七節　意志論第三　然則病的及怪的意志所生之行為舉動。可論善惡耶否耶。凡於意志行為上論善惡。以其作用起於意識內。及基於自由意志而起者為限。若依不覺無識而生。與識覺之而意志不得自由而生者。其行為雖善不足賞。則雖惡亦無責之理。以此道德論者。主唱自由意志論。若意志不自由。依物理的必然之理法。而彼支配者。不可論道德上之責任也。然則時而於常意上雖可論惡意。於變意上有不可論惡意者明矣。例如羅精神病者。其行爲舉動。雖起於意識內。以其意志無選擇取捨之自由。則雖惡而不可爲罪。如狂人多失其辨別善惡之良心。或欠其作用。於法律上不問其罪惡。妖怪的意志作用。雖不可與病時同視。而由精神之變動生者。其善惡之辨別與選擇。固不能完全。故其行爲不可與尋常之行爲同論善惡。雖然世所謂妖怪者。有人爲的與自然的之二種。人爲的妖怪。出於故意。固不可不問其罪。惟自然的妖怪。由精神之變態異常而發。不問其罪可也。然而人爲的與自然的不易辨。雖人爲的亦必故爲自然的。而甚難發覺其實狀。是鑑定妖怪的行爲之所以難也。以上就妖怪中之僞怪假怪論之而已。若至眞怪。在善惡之範圍外。非可以相對性之善惡論。若強欲於其上判善惡。以其對眞怪之意志行爲。稱爲絕對的善足矣。對之而僞怪假怪上相對的善惡。不可不云絕對的惡也。

由以上所述觀之。世所謂妖怪中。非人爲的之限。可云全無道德之關係。雖然。因之而起種種之事。關於世之教育德義者頗多。以其爲教育學部門之所論。茲姑略之。

第八十八節　情意論歸結　本講爲正式的心理學之各論。於精神作用中專揭其與妖怪有關係者而說其性質變化。然不止說各作用之平時狀態而已。其所講述作用與妖怪之關係者。卽次講所講述變式的心理學之準備。謂之變式的心理學之前論可也。今卽本講中所講述而約言之。智情意三者。共有常態與變態之二種。以論其變態者爲變式的心理學。而智力作用之變態。於前數講既所論明。如先解妖怪學。爲由人之迷誤生。是全以妖怪學爲論智力變態之學也。故至此篇專說明情意二者之變態。以補前數講之欠。卽情與意共分之爲常變二種。情有常情。有變情。意亦有常意。有變意。若考之於智力之上。亦當分常智變智之二種。以論之。先所謂依迷誤而生者。及感覺上之幻妄。皆屬變智。而其變智。亦如情意二者。不可不分病智怪智之二種。今示其分類如左表。

智力
- 常智
- 變智
  - 病智
  - 怪智

- 心性
  - 心體
  - 心象
    - 感情
      - 常情
      - 變情
        - 病情
        - 怪情
    - 意志
      - 常意
      - 變意
        - 病意
        - 怪意

講此表中之常智常情常意者。正式的心理學也。其變式的心理學之論病的智情意者。爲精神病學。論怪的智情意者。妖怪的心理學也。雖然。余所謂妖怪者。合病的智情意而言。直以變式的心理學爲妖怪的心理學也。若至心體。獨眞怪之所關。非可屬於心理學之範圍。而其分類照先第五十一節所揭而定之者。不可不爲左表。至左表與第五十一節之表之所異。在置僞怪於假怪之外。是余於種種工夫之末。所以感假怪與僞怪區分之必要也。

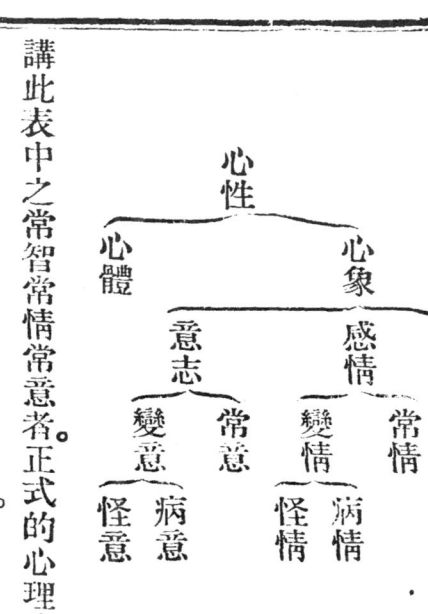

- 妖怪
  - 僞怪（一名靈怪）
    - 人爲的
    - 偶然的
  - 實怪
    - 假怪即自然的妖怪
      - 物理的
      - 心理的
        - 變智
        - 變情
        - 變意
    - 眞怪

先於第五十一節之表。設客觀上主觀上之分類。茲所舉與之異者。以智力作用爲中心而分類也。

以上已於變式的心理學之前講。略述心理學上與妖怪有關係之諸作用。由是移於變式的心理學本講。而於內外兩界說明妖怪現象之所以起。

妖怪學講義卷之一下

總論續

第十講　說明篇第四變式的心理學第一總論

第八十九節　妖怪的現象　身心內外所生種種變態異常之現象。謂之妖怪的現象。講究其理者。謂之變式的心理學。前解妖怪爲迷誤學。是謂民間不知妖怪之原因。眞以妄信爲妖怪而已。若夫尋理學上妖怪之所以起。其中有一貫道理。妖怪的與非妖怪的。決非別物。而說明此理者。實於今日理學哲學之應用中爲心理學之應用也。其所以名之變式的心理學者。惟以區別於普通之心理學。至其原理。則變式的正式的決非有二致。抑世有所謂例外者。以世間一切事。非盡從同一之規則。有十中一二或出規則外者。例如人類以有言語爲一般之原則。而啞者不有之。又人類以有解道理之力爲常則。而白癡者全無之。雪降於冬時。而有夏日降者。櫻開於春時。而有秋天開者。如此之類。是謂例外。然則例外果在規則外耶。謂之規則外。則是宇宙外別有天則天法之二樣也。雖然。由學術上考之。無所謂例外。其所以爲規則外者。卽存於規則內可知。是余所以欲應用正式的心理學之道理於變式的之上。而證明妖怪的現象者也。

第九十節　變態之起原　凡物心二象上變態異常之起。其原因固在物心二者之上。心理作用。由有形上考之。不可不用生理之研究。既如第五十五節所示心性作用者。以外界所與之刺激。經求心性神經而達大腦。由是經遠心性神經而向外界。呈運動爲常然。亦有未達大腦而直由脊髓反射以示運動於外界者。又有不待外界所與之刺激。由腦髓中自發之動機呈運動者。又有外界所與之刺激。入腦中自然漸盡消滅。更不示其反動於外界者。

大腦——脊髓{求心性 遠心性}外現

以是心理作用。必非常守一轍。又通常外界所與之刺激。雖有經感覺而達思想之正規。亦有思想中之觀念。發於感覺上。而向外界示幻覺妄象者。例如無聲聞聲無形見形是也。是實精神上之變態。狂人中所以生幻妄的感覺者也。外界之現象。經感覺而形成於觀念思想中。雖何人不以爲怪。至思想中之一觀念現示妄象於感覺上。則概指之爲妖怪。雖然。深察其理。則何者眞妖怪。何者非妖怪。不易判定。惟世間一般所目爲妖怪者。不外於妖怪的現象。既名之現象。其爲假怪不待言矣。

外界——感覺——思想

第九十一節　妖怪之要素　今當說明妖怪的現象。不可不先於內外兩界之上而考其原因。此之謂妖怪之要素。其表如左。

- 外界
  - 箇體性質
  - 自他關係
- 外
  - 空氣及精氣
  - 時間及空間

- 妖怪要素
  - 中間
    - 內
      - 身體
    - 神經
  - 內界
    - 外覺
      - 感覺
      - 知覺
    - 內想
      - 想像
      - 思想

斯外界者。當分物質自體之性質、及其與他物之關係、之二者而論之。內界者。於心理學上。雖常分智情意之三者。而茲則以智力爲主。故獨揭智力作用而分之爲外覺內想之二者。其立此兩界間以爲二者之媒介者有種種。對外界有空氣及以太（即精氣）又有時間及空間。對內界有身體及神經。若分之以物理心理。則外界及中間之要素屬物理的。內界屬心理的也。

第九十二節　外界之要素

要素中所謂箇體性質者。謂物質固有之性質。如水有水之性質。火有火之性質。養氣輕氣元質分子。動物植物。亦各有其固有之性質。若細分之。不可不分有機無機。動物植物。物理的化學的等。而此等諸物質。雖非無多少奇異之性質。當其一性質孤立獨存。未至於現示純然之妖怪。及其有他物之分合關係。而始現種種之變化有奇異之現象者。謂之自他關係。乃由種種之元質。互結合互分解。而生化學的變化。由種種之物質及勢力之相互作用。而生物理的變化是也。今夫合養氣炭氣則發火。加溼熱於水爲蒸氣。而其間自然生奇變特異之現象。如此之類。對於心理的妖怪。而謂之物理的妖怪。若欲知此妖怪之道理。不可不先詳箇體之性質。次明自他關係。而是皆諸科理學之所研究也。理學中有天文學、地質學、動物學、植物學、等之科目。皆爲究明妖怪現象之所要。其中尤要者。爲物理化學。先依物理學。知運動及勢力之性質。應物質之諸事情。而究變化之狀態。明光熱音響電氣等之性質狀態。以說明妖怪的現象。則從來不思議異常而一般妖怪視之者。必將非復妖怪。又依化學。究知元質之性質。明其化合分解之狀態。以說明妖怪的現象。亦且舉昔日不可知的視之者。而得依他學以說明。其他現於天文之妖怪。依天文學究之。關於地質之妖怪。依地質學講之。動物的妖怪。

依動物學說明植物的妖怪。依植物學說明現於人身上之妖怪。依生理學說明。於天地萬有之上。從來視爲妖怪之現象。必盡非妖怪。是學術與妖怪之所以不能並行。學術明則妖怪漸絕其迹也。是謂妖怪與學術爲反比例。雖然。其所謂妖怪者。卽余所謂假怪。假怪絕其迹同時眞怪愈開顯其實相。是謂學術與眞怪爲正比例。旣學術與妖怪有如此之關係。然則妖怪之講究。一任諸科之學。不必別置妖怪學之一科而講究之。與然外界之現象。有常象、（卽普通的現象）及變象若異象、（卽妖怪之現象）之二種。今之學術專究常象。茲欲別於講究異象者而組織之。抑常象與異象。其道理雖一。而於外見上示常異之別。專研究異象而開示其內部所包有之常理。亦不可謂非學術之目的也。今物理的妖怪現象。雖要照物理化學等諸科而講究之。余專修哲學者。暗於理學諸科。其講究讓於專門之人。茲惟揭外界要素之名稱而已。至理學部門之說明。亦僅摘示其一端。而外界之妖怪。必待我感覺思想而呈現象者。余特以心理學說明之。

第九十三節　中間之要素　外界之妖怪。有必由內外兩界中間之要素而始起者。不可不知中間要素之性質。其中對外界之要素。有空氣及精氣。空氣本爲物質。似當屬於外界之要素。然事物之變化。媒介空氣而起者最多。且人爲棲息空氣中之動物。其四圍現象。必經過空氣而後起。吾人之感覺。且必依空氣之狀態而生異同。茲實中間之一要素也。既以空氣爲中間之要素。則水亦變化之媒介。似不得不加其一種。然吾人非生息於水中者。舉空氣而已足。今姑就音響與光線之媒介。揭空氣精氣之二種而已。夫音響相傳。由空氣之波動。光線相傳。由精氣之波動。吾人之聽聲視色。皆以此二者爲媒介。此媒介物如有變動。隨而音響光線之上。亦示異象。其他物質中立內外兩界之中間。而爲諸現象變化之媒介者多。今不遑一一舉之。

次之中間之要素。有不可屬物亦不可屬心者。時間空間也。而屬之物質。爲惟物論者。屬之心性。則惟心論者也。今無暇評二論之得失。問本來之所屬。惟謂之中間之要素。而是實可謂要素中之最大至要者。何則。物無此要素。不但不現其變化。而其物自體之成立且不可保。又物心相互之關係。不能離此要素而存立。固無論而物心兩者。亦不能離此要素外而存立。故以之特入要素中。雖若不倫。而時間之長短。空間之遠近。大有關係於事物之現象變化。不得不揭此二者。以爲妖怪現象中間要素之一端。

第九十四節　中間之要素第二　次之而爲中間要素之一種者。身體及神經也。此二者。其體成於物質而爲精神所住息之機關。物心交互錯綜之處也。其組織中有精神者。猶空氣精氣之於外界而已。屬之內界雖無不可。而余以人心有有形無形兩面。其無形面屬內界。有形面屬中間也。而身體及神經之與精神關係。按第五十四節所舉可知。又其關於外界。亦準之而可知。夫由外界入內界。由內界出外界。俱不可無身體及神經。身體及神經上有變動。必及其影響於內外兩界之上。例如甲乙兩人。以其神經組織之各異。而所感覺亦異。雖在同一人。由身體各部之組織異。而其感覺亦異不能同一。又由身體溫度血液成分之異同。而生變化。其感覺者平生多見。無待證明。其他由覺官及神經之不完。或由病患變質。而物心內外之感覺。遂現異象。亦理之所當然。譬之用著色之玻璃窗。則室內外之風光。隨而變色。同一理也。

第九十五節　內界之要素第一　次舉內界之現象。其第一外覺。雖分之爲感覺知覺二種。今合二者而論之。抑外覺者有常覺變覺幻覺妄覺四種。常覺者普通尋常之感覺。變覺幻覺妄覺者。妖怪的感覺也。此妖怪的感覺。謂之異覺。或單稱變覺。變覺之原因。全在外界。惟應其前後周圍事情之異同。而多少變化其實狀。以現於吾人感覺者。例如明月之夜。見星最稀。無月之夜。星光特明。是即變覺之一例。其星之明微。非起於思想之變動。而由月光與星光之關係也。其他由外界諸事。而所見有大小高低之異。吾人所常經驗者。皆爲變覺。次幻覺者。其原因在內外兩界。卽外界之現象。加於我精神作用而生者。例如見道有橫繩而感爲蛇之類。其感覺雖起於繩之現象。而認之爲蛇。則我精神之作用也。凡外界所現。誤認異物。如此類者。謂之幻覺。次妄覺者。謂外界全無原因。獨依內界之精神作用而現者。例如無物見物。無聲聞聲是也。故妄覺者全屬於我精神之變幻。雖然。此三種感覺間。或不能判然分界。且如妄覺者。雖起於精神內部。亦有由覺官之病。無物而見物者。故覺官上所起變幻。與精神內部所起變幻。區別甚難。又如斯變幻者。有生於久時病患、與生於一時變動之二種。由病患者稱病的。由變動者稱怪的。病的者屬精神病學。怪的者屬妖怪學。余所謂妖怪。合病的言之。故不必區別。

以外覺上之妖怪現象。爲變覺幻覺妄覺。是主觀的之名稱也。若名之於客觀的。則稱變象幻象妄象。今示其全表。

妖怪現象
- 性質
  - 病的
  - 怪的
- 種類
  - 客觀的異象
    - 變象
    - 幻象
    - 妄象
  - 主觀的異覺
    - 變覺（變視變聽變觸變嗅變味）
    - 幻覺（幻視幻聽幻觸幻嗅幻味）
    - 妄覺（妄視妄聽妄觸妄嗅妄味）

異象異覺者。卽妖怪學之問題也。而今考異象異覺所起之原因。凡有二種。第一事情。第二相對是也。事情又分爲二種。第一身心之狀態。第二習慣之影響是也。身體及神經組織。所以由病患變質等而生變動於外覺之上。前節所述。由身邊論之耳。今欲論之於身心相關之點。而卽稱之爲事情。事情者。考於吾人身心上而易知。如同一里程也。而侵晨出門而行之。與終日勞動而行之。其於感覺上大有遠近之異。又同一物體也。而未疲勞以前支之與已疲勞以後支之。亦大有輕重之異。其他又有由時間之長短體氣情況而大異其感覺者。又年少强壯之時。與老羸憔悴之時。於空間時間重量等之感覺。大有不同。亦與之同一理。此皆身體上之事情也。而對之有精神上之事情。例如精神爽快則感覺銳敏而明瞭。精神鬱憂。則感覺遲鈍而不明是也。其他有由喜怒苦樂之諸情而生影響者。今不暇一一舉之。次由經驗習慣之異同而生影響者。例如步行同一之道路。慣路與不慣路。大異其距離之感覺。或賞同一之風景。初見之、與數回反復見之。亦異其感覺。是也。而其感覺上生異同者。關於相對之原因尤多。相對者由諸事物若諸觀念之間。比較對照而起。有客觀上相對、主觀上相對、及空間上相對、時間上相對、之數種。客觀上相對者。由一物與他物比較對照而生。如紅花與綠葉對照。更覺其色之鮮明。風雲流動間。見一輪之明月。覺月之奔亦非常速。是也。主觀上相對者。觀念與觀念之相對。若觀念與外物之相對。其中感覺上之相對者。謂觀念與外物之相對。卽存於記憶上之觀念與現於目前之外物相對也。例如成長於蟻封邱垤、而無高山峻嶺之土地者。初至多山嶽之地。起非常高大之感覺。或素居陋巷茅屋。而忽入金殿玉樓。感其美麗者尤甚。皆此理也。

次空間上之相對者。謂同時二物比較之感覺。時間上相對者。謂前後感覺之互較。例如見西洋人與日本人並行。感日本人之矮小。以日本國地圖與中國地圖相對照。感中國之大。空間上相對也。又如由有電氣燈之街衢。而至無燈之街衢。倍覺其暗。由寒地移暖地者。倍覺其溫。由前時影像與觀念相對照而起者。猶是相對之一種也。其他內界所存之一觀念與他觀念相對者。專稱之主觀的相對。屬於內想之範圍。而外覺之相對者。總稱之客觀的。其他精神內部所生感覺知覺之變幻。以其入內想部類。當於論思想異狀時述之。故惟表外覺上之要素如左。

外覺上妖怪的現象
- 種類
  - 感覺上
  - 知覺上
- 原因
  - 事情
    - 身心之狀態
    - 習慣之影響
  - 相對（客觀的）
    - 客觀上及主觀
      - 外物與外物之關係及
      - 外物與觀念之關係
    - 時間上空間上

第九十六節　內界之要素第二　感覺知覺雖爲內界之要素。其實跨內外兩界之間。而爲思想與外物之媒介。故其一半者客觀的。他之一半者有主觀的之性質。實內界中之外界也。而以下所論。爲內界中之內界。雖感覺已止。而尚有作用。專由內界發見之狀態也。以其有想像與思想之二種。名想像爲實想。名思想爲虛想。觀於先第五十七節及第五十八節所述而可知。是講變式的心理學最要至重之部分。而妖怪學講義之骨子也。凡妖怪現象。其一半雖云在於外界。而外界之現象。映寫於吾人之心面而始現。故外界之現象。卽心面之現象也。而其現象。雖謂存於內界外覺之上。而外覺之爲物。必照以內想意識之光。而始現其作用。是亦不可不謂內想之寫影。是外覺上之妖怪。卽內想上之妖怪可知。由斯觀之。妖怪之根據巢窟。實在內想中。是予所以以心性爲妖怪之本城。以心理學爲妖怪學之神體也。而內想有想像思想之二種。當詳於變式的心理學之各論。今惟就內想全體而分爲常狀異狀之二種。講究常狀者。屬正式的心理學。講究異狀者。屬變式的心理學。至異狀有怪的病的之二種。準前之外覺而可知。今專考其異狀所起之原因事情。分爲左之五段。

第一段　相對（主觀的）
第二段　專制（智情意）
第三段　變識（無識及重識）
第四段　幻境
第五段　眞際（眞怪）

斯五者。於精神作用中。雖曰專基智力。要當倂情意二者而說明之。第一相對者。內界之觀念。互爲比較對照。純然主觀的相對也。蓋吾人內界所倂存種種之觀念。必互相比較而始明。各觀念之性質狀態。若於其比較有缺有誤。則想像及思想上。大生誤謬。卽由時間之前後空間之遠近等種種觀念之比較而得知者。若比較有誤。則判斷必誤。今舉其最易解者爲例。無若夢中之情況。人在夢中。遠距離感近。長時間感短。至微小刺激感大者。全由內界之一部分醒覺。而他部分尙安眠。是相對比較之所以不得其正也。雖然。有平常之所不憶。夢中反明瞭憶起者。是猶星無晝夜之別。並羅於天。太陽西沒。始現其光。時計（卽時辰表）二六時中。雖一樣發響。夜深人定。始能入耳。凡記憶觀念。醒覺之時。惟種種顯著者。始得現出在安眠之夢境。雖微薄者。亦得現出。卽此理也。要之由主觀上比較相對。以判定事物之狀態。亦有由其比較相對而生誤認謬解者也。

第二專制者。思想之集於一點。而他部分皆受其支配之謂。如先第六十五節所論是也。此專制之原因。由內外種種之事情。人若由多少之事情。而會注心力於內界之一點。自然起思想之專制。反覆於此而生習慣。以致專制思想固著而不動。思想固著。舊思想與新思想全異其中心。因之而所得判斷推理。亦生前後黑白之異同。例如定此甲乙丙丁

戊己六箇之觀念。併存於內界。平常雖甲觀念在思想之中心。由一時之變動而乙觀念立其中心。以專制全思想。則前後之判斷。不得不全異。猶之登駿阿臺而臨眺東京之全景。與登愛宕山而臨眺者。大異其觀。是常人與狂人。其判斷之所以冰炭相反也。而關係於此專制者。又有豫期意向無識筋動之二種。豫期意向者。於吾心所豫期以意迎之之謂。凡有此者。耳目之感覺。多少從之。而意向漸進其度。以來思想之專制。至於感覺全受思想之支配。則現種種之幻象妄覺。而其力且自然及於遠心性神經之

上。以至於筋肉上現動作而不自覺。謂之無識筋動。或不覺筋動。而其無識之度。一以豫期之强弱爲比例。至豫期之力全起專制思想。則筋動上益生不覺。例如出菓子於小兒之目前。由取之一念支配。有不覺出兩手者。又無論何人。感非常之快樂。而歡喜不措。有不知手舞足蹈者。又如聞他人吟詩歌而深感之。則自然動唇吻而和之。又如在軍中而被敵追擊。見制於畏懼之念。不識不知而逃走。皆是也。要之精神之集合。卽思想之會注一方者。於求心性神經之上。起豫期意向。而變動感覺。同時他方於遠心性神經之上。起不覺筋動。而專制運動。故是皆專制思想所系之事情。而今更就專制思想及精神集合之影響於其感覺者。譯克明太氏心理書所著以見例如左。

據一教士所說。有一婦人涉毒殺其嬰兒之嫌疑者。乃發棺於墓。將與醫師檢其屍體。監視之州官。感腐敗之氣。不復能忍。倉皇去之。及開棺。棺中無人。且其後知此婦人並未產兒。亦曾無殺人之事。

西歷一千八百五十一年。有一屠者。以負傷故。來市場藥材家。屠者曰。吾懸垂重大之獸肉於頭上。誤失脚。銳鉤貫吾腕云云。及檢之。彼蒼然而如死灰。脈搏幾絕。其狀若不堪苦惱者。少動其腕。便感非常之痛。切斷其筒袖。屢屢悲鳴。及去袖露腕。而見鈎貫上衣之袖。其體無恙。

據勃來佗氏所試驗。有五十六歲之一貴婦人。且健全無恙者。渴欲見馬蹄磁鐵之極。氏導之於暗室。詰其所觀。暫眺之後。言無所見。氏告以注視之。火光將發。婦人由是直見火光之閃閃。未幾。氏又言火盛噴出。如前者婦人於某公園觀烏蘇排斯火山之人造形。此間乘婦人不知。入磁鐵於匣。而此婦人者。尙言見同一之象。由是發種種之疑問。於暗室之他部。純然壁立無一物處。問所見。婦人輒言見最燦爛之閃火光。及火態種種之形狀。反覆試驗。無不然。及其持磁鐵去他室後。導右之婦人於他室。此室既純然四壁。而所見如前。去磁鐵後經二週日。婦人入此暗室。單由觀念之聯合。而所見尙如前。實由婦人始見數回之閃光及火燄。後每入暗室。常見之也。

又勃來佗氏以與是同一之方法。使婦人熱心於磁鐵之極。其手指與磁鐵之間。雖毫不呈牽引之象。而婦人忽言牽於磁鐵之强大引力。全不能引離其手。及提起他之新觀念而分離之。告以其極更不及引力於其手。乃使觸此極如前。果應之而無效。勃來佗氏曰。予知此婦人實無欲欺罔予及其他臨視諸人之意。實由婦人以先入觀念之專制自欺。而被其魅。目擊此試驗諸人見磁鐵呈種種之勢力。無不驚者。

又有由專制豫期。而使其身心作用從他人命令之一例。據克明太氏之所記。使一貴女信其鼻下之手巾含痲醉劑。漸次陷睡。與眞吸痲醉劑者示同一無覺之狀。又數分時。自覺。次施術者說此貴女不出二分時。當就眠。且命之曰。非我呼勿覺。於是他人或鳴大鈴於其耳。或以羽毛深摩其鼻孔。盡種種普通之手段。毫不爲覺。及施術者徐呼其名。直破眠而醒起。又辛坡恩氏之言。時有受氏之施術者。睡亘三十五時間之長。其間許暫覺者僅二回云。此例於後文催眠術之說可互證。又就專制思想。或及影響於偏向意志精神病之上。以克明太氏心理書之所記。揭於左。

據慰祁蒲氏摩寗排阿癲狂院西歷千八百五十年之報告。有一婦人。其智力毫無異常之點。又非爲妄念所苦。惟惱縊殺之單純抽象的觀念。欲達此目的。而種種以迫人。特害其姪及親戚者屢矣。實此婦人之所欲縊殺。不問何人。惟殺人而始足。於是此婦人者。蒙嚴厲監督。雖大恢復其自制力。至許作業於洗濯室。尙常云我不可不爲之何日可爲之耶。我不能忍之。又不問何人。接近之。徐致其手於喉邊。發温然勸獎之曰。我恰欲如此爲之。又屢云。望此世界之人。一舉而縊殺。男女老幼盡合而爲一頸。雖然。此婦者有誠實温柔之資質。院內之患者被其親愛者不少。且富信仰心。好臨祈禱。會或訪問病者而爲之祈福。

以上所記。第二回罹狂時之狀態也。其在第一回。此婦人者。實謀自殺。而以其妹及母皆行自殺觀之。蓋其病全由遺傳。素有此種發病的衝動之强傾向。決非出其詭欺無疑。且此婦人雖熟知如斯衝動之不良。幷知犯罪之必不免責。而不能克制之。故常自惱而愁歎。又據同院紀元千八百五十三年之報告。右之婦人。被刺衝於其殺人癖而縊殺其妹之兒子。再至入院。而此回毫不見觀念之倒亂。惟刺衝於强大難撿之抽象的偏向而遂行之。自深悲己之宿運而已。

據克明太氏之所記。杜土爾阿品西吾氏者。曾乞一斷喉自殺者之屍而解剖之。初以遠於要所。苦悶許時而始沒。氏戲謂從者曰。汝若有斷己喉部之意。決不可如斯之拙。當使之偏於左方。以截喉部之動脈而速死。此從者本沉著穩當之人。有家族幷有通常之資產。安樂度日。決無毫末自殺之傾向。奇哉自此以後。忽發自裁之念。益增長而遂實行之。雖然幸不如曩之教示。而不斷其動脈。得不死。是即素無經歷。又非情緒所關之病的衝動。俄然而逞專制之例也。

是皆示病的專制。豫期偏向之影響者。當於醫學部門所說之精神病參考之。由以上諸例而考所以起。即先第六十七節所示圖而可知其理。即於一方集心力。而於他方減其力。若凝集全力於一方。遂於他部生不覺無識。亦當然之理也。心力之偏傾凝集於一方。一者依人生來之性質。一者由內外一時之事情。蓋人之凝集精神於一方。有易有難。其凝集易者。小事奪心。即生專制於一方。而於他方生不覺。其凝集難者。由一時之事情而激動其心。亦必生多少之專制不覺。皆人之所知也。若其偏傾一方之性質。一時後不復其元。則概屬之於精神病。其精神病與否。其間非有判然區別可知。又精神之專制。有智情意三種之別。非獨存於思想之上。而今舉集心於智力之一方。而至全不感覺官上之刺激者。如學者讀書至會心處。或呼其名而不覺。或至尋常眠食之時而不知之是也。尚有甚者。當棋客對局。或報其親之死而不覺之。是不獨限於智力思想而已。對專制思想。

而亦有專制感情。專制意志。專制感情者。如大憤怒是也。在此時全失感覺力。又其間之舉動。多有自爲而不覺。如他人所爲者。又專制意志。卽意力專制時。無智慮分別。無慈悲哀憐。輕舉妄作。若偏於判斷果決而達其極端。亦自有不覺其舉動者。此專制不覺作用。以宗教信者爲最多。其最熱心者一朝處火刑。自不覺苦痛。西洋昔日自耶穌基督始。宗教信者之處死刑。不知幾人。又如勃盧那氏之處火刑者亦不少。其他不論何國宗教家。犯千死百難更不意之者。徵東西之歷史。其例不遑枚舉。是實因信仰之力。凝集精神於一點。自不覺身體之苦痛。若欲證之。吾人之於大火時。或在戰場縱橫奔走。雖身體負傷。更不感其苦痛。是非精神集於一點。而不存於他部分。何耶。今宗教熱心家之不感苦痛。與之同一理也。克明太氏者。示一例於其書中曰。以演說名之羅部妥呼氏。在病中。不勝苦痛而登講壇。方喋喋演說。更不覺何等苦痛。殆如忘病氣者。及其下講壇。忽不堪苦悶而仆。是皆理之固然。故不足怪。今既知其所以然。則夫由人工而生專制不覺。亦復不難。在西洋古代魔醉藥水發見之時。以手術使人精神凝集一點。此事予嘗自試之。卽足部受手術時。豫集合其心於他一定之部分。則所感苦痛之度得減幾分云。

以上既由專制而論及不覺無識之所以起。今特揭無識種類。無識者。無意識無知覺之義。反之而有名重識者是二樣相反之意識。並起於一心中之謂。合此無識與重識而稱之爲變識。先卽所謂無識者述之。或有感覺上生無識者。或有思想上生無識者。或變於智之上。或變於情之上。或變於意之上。於是有無識情動無識想動之名稱。而數種無識。大抵皆專制之反對。精神凝集於一方者。其結果必生他方之無識不覺。然其間所存之行爲舉動。屬於無意識反射者也。故無識作用皆由反射自動而發。今舉無識作用之種類。有自怒而不覺之。自悲而不覺之者。謂之無識情動。又有自分別自判斷自推理而不覺之者。謂之無識想動。又有自選擇自取捨自動作而不覺之者。謂之無識意動。凡無識之起。固有種種之原因。一由專制凝聚、而精神全力偏傾吸收於或一點而生者。二以意自迎而入。三由急劇之變動、若過度之疲勞、失神氣絕以起者。四由一種之病患以至此者。次重識者。反對之二重意。在一心中而現其作用。有一方之意識命可爲他方之意識命不可爲者。又有一方所認之自己。與他方所認之自己相反者。此例在精神病者多所見。狐憑病之一種。有意識之一半示狐之作用。一半示人間之思想者。其他種種之精神病。有由二重意識而被苦者。嘗有一學生久憂此重識。其所自述。每見人。雖其父母親戚。生殺之之意志。與之同時。生制止其意之意志。常自思甚危險。不可如何。爲此大苦其心云。又有一學生言朝夕所居之屋。常有其屋將倒之感。出家之外。則有樹木將倒。地將陷。而自失其身命之感。與之同時。其精神中決知其不如斯。常有二樣之意識相戰而不堪其苦痛。是等雖未可爲純然精神病。而要爲病之始期明也。若由生理的說明之。吾人之腦髓。由左右兩半球成。若其半球互呈孤立作用時。可生二樣相反之意識。然是太偏於有形之說。明心理學者。不能以此說爲滿足。故不可不更考之。抑吾人在平時往往分意識之二樣。而現其作用。或有二個之思想互相抗排者。例如每日方晨起。見有促晨起之思想、與妨之之思想、兩樣相戰。其他雖爲何事。皆有二樣相反之思想起於同時。其勢不易決斷者。是無他。吾人之意識思想。由觀念之比較、聯合之異同、而異其範圍。由一部分觀念之比較聯合而生者。與由全部分觀念比較聯合而生者。固不能同一。又一部分之聯合與他部分之聯合。其所起之結果。亦自不可不異。以是所謂動機之生。有生二樣相反之衝力而互相抗排者。今病的重識。惟此事情之强其度而已。與吾人平常所有之狀態。非異其種類也。爲其例證。當於醫學部門及心理學部門詳之。

第四幻境者。無識界中開一種之識界。其世界全與現世界異。全與無識以前心界之世界異。是精神病者多所見也。雖然。亦有未至於稱精神病而施種種之心術以至此者在此境遇。全以妄覺妄想成別開一種之幻天地。而幻境有一分與全分之二種。一分幻境。又分之爲內界外界之二種。於外界爲妄視妄聽。於內界爲妄想妄見也。而一分幻境。得併見幻現兩境於一心中。全分幻境。則身心內外全入幻境。爲精神本體之幻化也。蓋幻境之起。雖因種種之事情。大抵以內界之想像。直組織外界之境遇。如於夢中現見境遇者。而其內界之想像。若能保其順序。有其聯絡。未可以爲幻境。在於想像失常態。而起妄想妄見。大反實際。全與平時之想像相異。始謂之幻境耳。其原因前既述之。又欲於醫學部門說明之。故不復贅。但吾人精神作用。有一度入無識之境。又於其一部分開意識之境。而其意識不競。又不能保其權衡。遂現妄意識之境者。且有吾心失自制自裁之力。僅應他人之命令。而搆成外境於心內者。此等狀態。於催眠術尤易知之。故其說明在心理學部門心術篇。

第五眞際者。超過一切心象之境。而達心體本境之謂。如前述幻境及種種妄念妄想。總謂之妄境。拂去此妄境而開顯一種高等元妙意識之別境。謂之眞際。在幻境者。其狀態雖異於現境。而其異者。不過開意識於精神界裏之一部分。無外界之對照。且非有內界全部之意識而已。至於眞際。離現境及幻境所有意識精神之狀態。而開現一種元妙意識之關門。蓋現境與幻境。共爲心象上所現之境。要其別者。一部分之意識。異於全部分之意識而已。眞際者。非心象而心體之境也。抑此心體者何物耶。是不獨心之本體而已。又宇宙萬有之本體。所謂惟心一元之體也。故其體無彼此自他之差別。平平等等無差別之境也。此境一動。而吾人之現自他差別於心象者。譬若靜水之一動而生波。又心象者。自他相待所謂相對有限。心體則自存自立而無待於他。又不受他之制限。謂之絕對無限。而此絕對無限之體之表面。開有限相對之心象。心象者。心體之一部分也。既爲其一部分。與心體聯絡而不可相離亦無疑。以是吾人之於有限之心象上。開無限之神光。隨而世有宗教家成佛悟道之法。如禪宗所云開現本來之面目本地之風光。是即於差別相對之心象上。開現無限絕對之心體之謂。蓋其所云坐禪云觀法者。皆不過達之之楷梯。又佛教目的。稱轉迷開悟。謂轉捨生死之迷而開現涅槃之悟。其所謂涅槃者。是即無限絕對之心體。謂之眞如可也。謂之理想亦可也。要之其名雖異。其體皆同。故吾人若由現境幻境之妄境。進而達此眞際時。恰如雲開霧散。而仰明月於中天矣。

至此眞際之一論。既超脫心象之範圍。即不屬於心理學之範圍。謂之變式的心理學之一部。似不得當。雖然吾人之心象。雖現境幻境。而其內部具心體之世界。勢不得不聯絡心體而說心象。且予所謂妖怪學之研究。非獨論假怪。併欲論究眞怪。今眞際一論。全屬眞怪之問題也。而此眞怪非離假怪而別存。存於假怪之裏面。心象之內部者。現境一變而無識界。無識一變而幻境。幻境一變而於茲開眞際。尙當於結論詳說之。

第九十七節　情意之異狀

上講內界之要素。於智情意中。本智力而論之於感覺思想兩範圍之下。要之智情意者。不過一心中之現象。其互有關係不待論。故思想之爲物。情與意俱相加相助。思想有專制者。情意亦有專制。思想有無識、情意亦有無識。如前所述。今更就意力缺乏之際而言之。夫若夢中之想像。或精神病。有不能以意力制止思想若感情者。果何由而然耶。欲明此理。當先知意力之所以起、抑意力之起。古有種種之說。

或云。意志者本來自由而立於萬有規則之外。或云。意志者從萬有自然之規則。由因果必然之理法。然余謂縱令意志無本性自由。既在人身中。而於腦髓組織之中現示其作用。不可不從自然之規律必然之天則。故從此說而後意志之所以起可明也。夫意志有單意複意之二種。於第五十九節既述之。又其作用變化於第八十五節第八十六節第八十七節示之。雖可不贅。而對此意志有屬於無意作用。有屬於有意作用。不獨單意複意之間無判然分界而已。有意無意亦未能判然分界。故余以爲若夢中及病中非全無意志。惟其意志比平常爲不完。猶之夢中情智二者之不如平常而已。蓋意志有單複二種者。心性發達自然之勢。二者之原因固一而非二。不過一者由一部分之心象、若一個觀念所刺激而生。一者由全部分之心象、若全體之觀念、比較對照而生。斯其異者耳。例如社會中一人之意志與社會全體之意志。互有牴觸。則有枉一個人之意志而從社會全體之輿論者也。今譬之有甲物於此。其周圍假定有子丑寅卯辰巳數個之事物。子之力及於甲之上而引之。而丑寅卯辰巳之力不及。則甲者必被引於子之方。若丑寅卯辰巳亦同樣引甲。其結果必

異同一理也。然在夢中或病中。心象中之一部分活動。他部分休止。雖無平常所有複意之作用。而其有下等不完之意志及與無意同樣之作用。則不容疑。而普通稱之爲意力之缺乏。若以社會例之。平常無事之日。雖社會全體之意志相合而形成輿論。當一朝革命變動之生。一部分之意志。獨立主作用之地位。以專制社會。有大異於平時意志之運動者。心性作用。亦與之同。平時與變時。雖異其意志之作用。至其原理。決非二致。夫心性上有變動。雖必有多少之意志。然一方有心力會注專制。而他方生缺乏無識。亦自然之理。當心性作用變態異常。有智若情獨極強盛。而意志則缺乏休止者。其休止有不見意力之作用者。固不足怪。又有與之同例。致感情作用之缺乏者。雖行殘忍苛刻之事。而不動其心。亦此理也。今本克明太氏之心理書。舉示情意變態之一例如左。

據杜脫太吾松氏之所報。有一紳士。常發難克之憤激。次第增長。其知友認爲癲狂。欲拘束其自由。而徵之於其言行。毫無癲狂之證據。於是乞有名醫師。以種種方法透察其狂性之所以。皆不能達其目的。太吾松氏者。亦由學者以介紹於右之紳士而檢察之。初入其室。見懸鏡之龜製椅子。及其他華麗陳設之破損。已足爲憤激時作之證左。

乃氏者。忽欲倒亂此紳士之智力及情緒以發見其狂態。試以種種雜多之談語。而氏者。有名博識雄辯之人也。又其對手爲達於文學技藝多才巧辯之紳士。交互應答。流暢自在無澁滯。談僅二時許。而廣涉萬般奇趣。妙味如湧。殆氏生平所未曾遇。厥後談及動物電氣之事。該紳士者。說其親族中之一人。藉此作用。感擾吾身。尤劇言己爲此方法。受非常苦難。終憤然激昂。誓必復仇於此加害者。其狀態實可恐。於是人人知欲保全此紳士。非檢束之不可云。

又同書就情緒之激動及影響於身體上者。舉示三例。

社士夫翁烏門氏之所記。有一匠工與其家合宿之一兵士。以事啟爭。及兵士拔劍迫之。工匠之妻。恐怖不知所爲。忽投身兩戰士之間。奪劍寸斷之。其間鄰人馳驟排解。事漸鎮靜。然妻以此事變痛激動之際。適取健全戲嬉之兒童於搖籃而哺乳之。數分時。此兒止哺乳。四肢不動。氣息喘喘。忽眠俯母之胸上。乃倉皇呼醫師施百般之方法。終無效。

據蒲魯大齋氏之所記。一嬰兒會其母之急劇悲傷後而受哺乳。其身體之右方起痙攣。左方呈半身不遂症云。又母犬甚狂激後。卽哺乳犬兒。亦有起癲癇的之痙攣者。有一婦看護嬉戲之小兒。適有窗戶墜落。碎截小兒之三指。驚惶悲傷之餘。不知救助之術。及外科醫來綳帶其創傷。而婦人亦愁然訴己指之苦痛不已。檢及之。恰見與兒童所傷三指同一脹起。而發炎熱。此三指者。在事變以前。毫不覺苦痛。經二十四時間。截開右部。去膿除垢而後瘉合云。

又同書就意志之影響及身體舉動上者。示左之例。

據坡夫蘇朋挪氏之所記。有一紳士。自己欲爲何事。屢不能遂。卽欲脫衣。殆非經之二時間。不能遂之。雖然其心力除意志外。完全無缺。又或時命下婢供一杯之水。及其旁。雖如何振作。不能執杯。歷半時間。漸得克其障礙。

右之例。更有根於其特性之一部者。卽有一紳士方步行街道。或直市屋斷絕之所。忽其身運動不如意。又不能前進。由是於街道無建築之所。必被抑留。又出入門戶際。每數分時之間被制遏云。是等兩人。當其受抑制時。竟如己之意力爲他人所占有者。此意志之一例。可參觀醫學部意志狂之一節。由以上諸例。不惟情意之變態、影響於他精神之作用而已。且影響於身體上可知。

第九十八節　妖怪要素之全表　以上總說心理的變態異常由起之原理。由是不可不就其各項而細論之。故變式的心理學。亦準正式的心理學。分總論各論之二段。而由是移於各論。因更揭表明示妖怪之要素如左。

妖怪要素
- 外界
  - 無機
    - 個體性質
    - 自他關係
  - 有機
    - 個體性質
    - 自他關係
- 中間
  - 外
    - 空氣及精氣
    - 時間及空間
  - 內
    - 身體
    - 神經

- 內界
  - 外覺（感覺及知覺）
    - 事情
      - 身體上
      - 精神上
    - 相對（客觀的）
  - 內想（想像及思想）
    - 相對（主觀的）
    - 專制
      - 種類
        - 專制思想
        - 專制感情
        - 專制意志
      - 事情
        - 豫期意向
        - 不覺筋動
    - 變識
      - 無識
        - 無識想動
        - 無識情動
        - 無識意動
      - 重識

- 幻境
  - 一分幻境
    - 外界（幻像妄想）
    - 內界
      - 妄象
      - 謬論
  - 全分幻境
    - 怪的
      - 自然的
      - 人爲的
    - 病的

此要素者。妖怪之起因。而非迷誤之原因。迷誤之原因。以既於第六講說明。故略之。以上所揭種種之要素。一部分或全部分相合而組織世之所謂妖怪。分解之而一一說明之。決非眞妖怪。其理由在各論。而各論主說明心理現象上所起之妖怪。卽就此要素中。除外界之部。而就中間內界之二者。一一舉示其例證。是卽所謂以心理學爲牙城者也。

第十一講　說明篇第五　變式的心理學各論

第九十九節　既欲述變式的心理學各論。不可不考其理於心理作用之各種。而爲之說明。其說明者。以心理學部門不得不再說。此惟述其大要而已。先說感覺。

第一視覺　第二聽覺　第三觸覺

第四嗅覺　第五味覺　第六有機感覺卽體覺

此諸覺。外關於中間物之事情。內關於精神作用。當由前表所揭中間及內界之要素考之。

第百節　視覺之異象第一

感覺中最助智力之發達者。視覺也。而能欺吾人且使惑者。亦視覺也。今先述視覺與中間物之關係。中間物有由光線之屈折而現異象者。例如空氣水液之類。有屈折光線力。盡人所實驗。卽如空中見蜃氣樓。由空氣變狀。而光線經過之屈折。又試沉指之一半於水中。與未沉之半指。顯呈異樣。或又杯中入錢。離三四尺。斜覩其中錢隱視線之下而不見。及注水滿杯。錢影忽浮於視線之上而可見。皆是證水液之屈折光線也。次爲反射玻璃鏡。有反射物影之力。亦盡人所能知。例如在汽車中。時時見樹木人家之影像。浮於玻璃窗。又入理髮場。見兩鏡相對。其影互反射無窮。是也。又有由中間物之色相而變化其物色者。如空氣水液。隨玻璃之色相而所見異其色可知。要之視覺上所現之物象。由中間物之性質、與色相、而現示異象。使實物之性質與視覺之現象不得一致。次述中間物第一種時間空間與視覺之關係。凡物象者。固一物而由時與處以異。淸晨見之。與薄暮見之大異。其觀冬夏晴雨。亦皆隨而異觀。又由距離之遠近。位置之前後。而異物體之形狀。人之所熟知也。今舉其例。若當秋氣澄淸。滿天無翳。明月高懸之夜。望彼四山。覺低而且遠。當密雲欲雨。天色濛濛時。望之。覺高而且近。以是不慣於航海者。月夜望山色。往往誤其距離。是光線與視覺之關係。亦對空間感覺上之異像也。又春日望遠山。其形朦朧。秋日望之。其影明朗。非山之異。以時之異。而呈變化於其間。抑物之形狀大小。由位置距離而異。不待論。先所謂空氣水液等光線之屈折反射色相由時間空間之事情。見其變化。而有强弱厚薄之差。故時間空間。亦可爲視覺異象所由生之一要素。次述中間要素第二種身體及神經之事情。夫人間眼球之組織。比之動物雖大爲發達。尙未得爲完全。故在平時。猶不免生種種之誤覺。例如眼球內部。有稱盲點之一點。而吾人若止有一眼。外物之影像。入球內而落其點。不得見之。又有稱明視點之一點。外物之影像。不落其點。不能明視之。又以指頭强壓眼瞼。或兩眼籠力而凝視。則於一物見二重之物象。又如定甲爲兩眼。乙爲左指。丙爲右指。其相去各一尺。 甲——

乙—丙　集甲之眼軸於乙點而看丙時。丙現二重。集甲之眼軸於丙點而看乙時。乙現二重。又時時於眼內見透明球體之動。是血球之動於內而映視神經也。而在病時現種種之變狀尤甚。如黃疸病者所見悉帶黃色。罹熱病者亦見種種之幻影。又有名色盲者。於七色中不能感各種。而其中不能感赤色者最多。是蓋缺感其色之神經也。要之視覺者。由中間物之異同。大生物象之異變。若一審其中間物之性質事情。覺毫不足怪。而人之怪之者。不可不謂全出於迷誤。故知一點學問之電燈於心內之公園。則此妖怪忽滅其影者必然也。

第百一節　視覺之異象第二　視覺由身心之情況。及經驗之影響。其所感大有異同。例如在上海而平日逍遙於海煙浦月之間。與在山東而朝夕餐泰嶽之秀色。所感必異。不啻爲晴雨日時而已。身體活潑精神爽快時。與其疲勞厭倦時。所感必異。又雖如何佳景絕勝。朝夕起臥其間而習慣。則不感興味。在初遊之地。由新奇之感情而大增好景。是經驗習慣所生之結果也。次視覺者。由相對性而亦大異其感覺。凡物之色相形容。大抵互相比照而感者。所謂江碧鳥逾白。山青花欲燃。感覺之相對也。又於空間上隨距離之長短遠近而爲相對比較。而其比較有由主觀客觀若時間上空間上之別。目前併觀二物。互相較。與以往時經驗所得之記憶與目前物象互相較。必不同。一其例證在心理學部門。由如此相對而於視覺上生誤覺。謂之變視。其最著者。如看日月。昇時與中時大小頓異。是也。管茶山隨筆中有看月說一章。言人之看月。由人而有大小。是故徑二三寸之物。有見爲徑六七尺者。是非空間上之相對。而時間上之相對。則以種種記臆於腦中之觀念。與所見之月相比較而成者也。而其結果各自異。其所見如此。次考精神上之關係。有幻視妄視之二種。卽如第九十節所示。感覺者。雖生於外界之刺激。有時亦以內界之精神思想爲其原因。而於感覺上生幻視妄視。幻視者。謂由精神上之豫期意向。若信仰。若恐怖等。而感外界之事物。全如別物。例如怯者認枯尾花爲幽靈之類是也。而妄視者。謂由精神上之變動。誤以實不存在者爲存在。例如罹熱病或精神病者。於目前見種種之妄象是也。蓋此妄視者。卽幻視之走於極端。常屬於有精神病者也。是故視覺上所現。決不可悉信爲事實。而其錯誤。皆有所以然之理。不足怪也。

至於以視覺異像。卽感覺機上中樞機上之關係而分考之。則感覺機上亦有二三之種類。一平常由視官一時之事情而起幻視。例如或凝視一物。或指壓眼瞼或注兩眼於距離之一點。皆致誤一爲二。若由疾病而眼神經之一部分。或痲痺。或傷害。則一物有二重之感。或又視網膜運行之血液如小球。或外物映像正落眼球內之盲點。皆是也。二過度刺激所起之幻妄。例如覩赫赫日光而後視他物。則見與日同狀之白圈是也。三由病患所起之幻視。此幻視者。於感覺機上或神經痲痺或白質受傷生障礙於視覺之上。以小爲大。以近爲遠。或有與之反對之結果。或又罹黃疸病之人。視物皆爲黃色。或罹眼病者。見火花閃鑠之幻狀之類是也。此皆感覺機上所起之幻妄之狀態也。今若加之以中樞。更生種種之幻視。其例既如前述。第一由事物不明瞭而起者。第二由內界思想比較相對之關係而起者。第三由精神病而起者是也。

第一百二節　聽覺之異像第一　聽覺與中間物之關係何如乎。夫聽覺者。亦如視覺以空氣水液等爲媒介者也。故音響之强弱高低遠近。大半由空氣風位之事情而變化。不知其故。則發音原體之遠近有誤。吾人所常經驗也。一室內開其東而閉西。聞西方所發之音。多誤其方向。又同一鐘聲。南風之時。與北風之時。覺其聲有大小。又據高而呼與在平地而呼。在海上呼與在陸上呼。其聲所及有遠近之差。皆可徵。其他音響。有名返響。或稱爲山彥之聲。是猶光線之觸於境面而反射。本不足怪。然古人以之爲一種之妖怪。秉燭或問珍卷二問曰。谷音何物耶。人發聲而響應。我朝往古名爲山彥。相傳木之精谷之神所應云。予云。谷音是空谷之神。所謂神者。不應有物。總云神者。無形無色又無聲。然聲遠響應。凡由物所籠而生之空音云云。是當時未詳聲音反射之所以。而以種種妄想臆說附會之。又考聽覺與時間空間之關係。視覺有明知空間上位置距離之力。聽覺所不及也。然以兩耳所感音響之强弱。有高低顯微之異。因而稍得察知其遠近。故由是而誤認其距離者。往往有之。如綠陰鬱葱時。與木葉凋落時。誤認鐘聲之遠近。雨前與雨後。若晝間與夜間。亦誤認其距離者不少。抑聽覺特有之性質。雖在感知時間之前後連續。是亦由身體精神相對之事而變化。其誤認時間之長短者尤多。要之聽覺者。變空間上之位置。變時間上之時日。則同種之音響。種種變化。而誤認別種之音響者。甚易時間空間之上。最不可不注意也。而由此二者生變化。在外界有空氣水液等諸媒介物。及其他諸事之變化。在內界有相對精神等之影響。此皆聽覺與外界的中間物之關係也。

由是述聽覺與身體神經之關係。夫聽官之發育。人人互有所異。感音響之力。亦隨而有徑庭。乃若盲人有幾分特別聽官之發達。故樂工以盲人爲善。而聽官之組織不完全者。通常之音調。猶聽而不能別。或有由病氣傷害等而妄動其聽官。隨而聽覺起變化。又有以聽官所起之小音微響。誤爲由外界而來者。故聽覺者。應身體上造搆機能之異同而變化可知也。

第百三節　聽覺之異象第二　次考內界上所起聽覺異象之原因。關係於身體及精神之情況。不可疑。別有感音響而或喜或悲或快或不快。由身心當時之情況爲變異者實多。故體氣精神活潑淸爽時。入耳之音響悉愉快。松韻鳥語。亦有天然音樂之感。若當心衰貌悴時。聞所謂鈞天廣樂。徒增悲耳。以是知音響之感由身心之事而異也。不獨是也。亦有由經驗習慣而生異同者。例如好音美聲。乍聞之而感其美。習慣爛熟。有不知其樂者。次考聽覺之相對。同時聞二種之音響互相比較。其別愈明。又先後聞二種之音響。亦互相對照。其別愈明。又同時大小高低之諸音雜然並奏。則小者厭於大者。低聲奪於高聲而不聞。及大音高聲靜止。而小音低聲亦可聞矣。例如海濱村落。晝間不聞波浪之聲。至夜半羣動屏息。拍岸之聲喧創而驚眠是也。是皆由音響與音響比較對照而起者也。又聽覺亦如視覺。有以精神思想爲原因而生妄聽幻聽者。例如深夜人定後。孤影孑然。步行街衢之間。若聞足音者。是由豫期意向而生。若罹病害而無聲聞聲。所謂生妄聽也。

又幻聽妄聽之原因。亦分起於感覺機上與起於中樞機上之二種而論之。感覺機上所起者。耳官之受傷害。或由其他之病氣而變動。有聞一音而以爲二音者。或有無聲聞聲。如所稱耳鳴者。其他又有感覺機上所起之幻妄。不起於兩耳而發於一方之耳者。如此之人。閉左方之耳而用右之一耳時。生幻聽。反之而用左方之耳則無之。中樞機上所起者。如以內部之想像及思想而生幻聽者是也。多起於音響之不明瞭。如以時計之擺音爲人語。以鐵瓶沸湯聲爲誦經。以波濤之音爲風聲松籟。皆屬之。人所常經驗也。又音聲由人之預期而大變者。法華宗之人。以鶯之鳴聲爲囀法華經。以其意向聽之。果然。又有眞宗之人。以鶯鳴爲聞法云云。以其意聽之。亦然。要之聽覺雖由種種之事而變幻。其理既得於學術上說明之。則亦不足怪矣。

第百四節　觸覺之異象第一　觸覺者。直接觸於外物之感覺。雖不經空氣水液等之媒介物而時間空間則大有關係也。牽連於觸覺而有覺筋。既先所略述。今合是二者而論之。夫空間上物質之大小容量距離方位等。由觸覺得知。固無論時間之經過亦由觸覺得知也。如一個之物質。支於手。由其疲勞之度。得知時間之經過。而觸覺。又有同一物而由場所與時日大異其感者。例如物質之重量。於水中感與於空氣中感。大異其輕重。又如温度。試之於水中。朝與日中。亦大異其寒温。又幼時視而感其大者。或及長而驚其小。次述筋覺上運動之感覺。余嘗試驗所臆定東京各市街間之距離。觀其成蹟。人人大異其遠近之感覺。是由一二回行過時之記憶。留於心內而生此臆測也。又就重量之感覺而試驗之。是又感覺識別力之隨人而大異可知。蓋重量者。學術上最示精細之成蹟。化學上知元素分合物質不滅。全以此重量爲標準。雖然。不假機器之助而自驗。有大生過誤者。次述身體神經之組織構造。有關係於觸覺。是不必別證。總全體之在外面者。以指端唇頭目蓋之力爲最敏。而其敏鈍之別。一由於身體構造何如。而又與其身體及神經之構造組織有關係。由病的或故意的壓迫神經而使之傷害。則生不覺不隨之狀。可證也。

第百五節　觸覺之異象第二　觸覺於內界之關係。與視聽兩覺同。由身心之活潑與疲勞。所感有異。要亦關於習慣經驗之影響者多。例如兒童遊戲。有置兩手於膝上。一手握之而拍膝。一手平之而撫膝。兩手間迭。互換其所爲者。非頗習熟之。屢屢生誤。又第二指與第三指。若第三指與第四指。交叉之而置物於其間。如有二物之感。是無他。從來一物同時觸於兩指之側面。未經驗也。又有以鼻之殘缺而取額上之肉修補之者。然蚊蝱止其鼻端。猶有止於額上之感覺。又吾人身纏衣服。足穿襪履。頭戴帽子。慣而不覺。故有頭戴帽子而尋之。耳挾鉛筆而搜之者。次就相對性考之。每朝汲井水。冬夏固一其溫度。夏覺冷。冬覺溫者。由相對而然。而又舉重後舉輕。倍覺其輕。觸麤後觸滑。倍覺其滑。亦皆由相對來。此例甚多。次述精神之影響。有幻觸妄觸之二種。以些少之刺激。爲甚大之刺激。而誤認其物。是爲幻觸。豫期意向。其原因也。又有無一物之刺激。而感大刺激者。是爲妄觸。例如地方報人之死於某寺。有謂死人負於其背上而往者。是雖不見其形。自有若負非常重量之想像。又有精神病者。無人在傍。而有壓迫其身體。約束其手足。緊縊其咽喉之妄觸。雖然此觸覺上種種異象。要皆有其可生之理由。而不足爲妖怪。

第百六節　嗅覺之異象　嗅覺與視聽二覺異。由香物發散之分子。直激於嗅神經而生。不待中間物之媒介。與觸覺同。雖然以其原體離嗅官而存。分子之發散。無非由兩者間空氣之流動、及風之有無、方位等而感其香氣與否。又由觸覺多少推定其原體之距離方位。又以時地之異。則同一香氣而生異感。此不待例證而可知也。次考中間要素中身體及精神與嗅覺之關係。人生而嗅覺有敏鈍之別。又有由寒疾等更不感香氣者。此嗅神經之關係也。次考內界之事情。由身心之現狀而嗅覺有異同。有由之而或感快或感不快者。又有由習慣而從來所感香氣更不感者。又以數種香氣之相對比較。以其種類性質之異而感之較甚。又有由精神作用之影響而生幻嗅妄嗅者。如小有刺激。自之豫期意向迎之。而誤認其種類性質。爲幻嗅。全無相對之刺激而感者。爲妄嗅。此等於精神病者多見之。

第百七節　味覺之異象　味覺之性質。亦一種之觸覺。而全離中間物之關係者也。雖不可由此而知外物之距離方向。而因其連續長短。得知多少時間之經過。又由時間之異而其感覺生異同。故味覺之關係。空間不如時間之多。而於時間使味覺生異同。非由外界之事情。而由內界之情況。又有由身體神經之組織狀態者。視寒疾時之無味覺可知。次考內界之事情由身心之情況習慣之影響。及精神作用而生幻味妄味之異象。可以嗅覺例之。夫於味因而生味覺雖當然之事。其無味因而生味覺者。謂之妄味。全由精神內界之衝因動於神經之上而生者也。

第百八節　有機感覺之異象　有機感覺。全離外界之關係。而感於內界之事情。其於空氣水液等之中間物要素。固無關矣。惟有知時間經過之力。亦稍有感體中部位之力。而其力之大。隨時間年齡等而有異。是實由身體及精神之事而異也。夫此感覺者。身體內部組織間之感覺。其於造搆機能固有關係。而身體及精神之情況。亦有關係。又與經驗習慣亦有關係。如體中一部之感痛習慣。則不覺其苦是也。又於相對性有關係。例如已感腹痛。而又感倍強之齒痛。有遂忘其腹痛者。又有與前時所經驗者比較。而較增感覺或減之者。又有精神作用之影響。生幻覺及妄覺者。有機感覺。比於他感覺。而其位置及性質。較難識別。感於感情精神之影響尤大。故平日隨氣分之狀。而或感快或感不快。

又疾痛痾癢之起。得以意志變更其大小輕重。亦人之所知。而於狐憑犬神等爲尤甚。

第百九節　知覺之異象　知覺爲感覺之複雜者。由諸感覺之結合而成。而所關中間物者。於各感覺之條已述之。今不論。又知覺之由相對諸事。亦可就前論而推知。此惟即思想上所與之影響而言之。夫知覺雖結合諸感覺而成。其作用在認識一物爲一個體。然感覺中之現見一部分者。其他部分。常以記憶中所存之觀念補充之。故謂知覺之一部分由再現作用成。可也。以是知覺一物。生種種錯雜變幻。例如見木片之輪囷離奇而認爲夜叉。見楊柳有紙鳶之飄搖而誤爲幽靈。是也。而通俗所謂妖怪者多此類。又時而思想若感情之專制豫期甚强。則不啻生變象而已。遂有以幻象妄象爲知覺而現見幻境妄境於目前者。其例證見心理學部門。此姑略之。

第十二講　說明篇第六（變式的心理學各論第二）

第百十節　內想之異常總論　思想有實想虛想之二種。實想有再想搆想之二種。於正式的心理學已述之。抑此數種之思想者。感覺材料。由外來而成現象。其錯誤之由感覺知覺來者不待論。雖然。思想非獨由外部而已。亦由內部之觀念以成立觀念之爲物也。有由內而起幻妄者。故思想上之妖怪。其原因生於由感覺達思想之途次。與生於思想內部者。不可不分爲二段。而思想內部。如前表爲相對專制變式幻境之四項。又考之內外兩面。內面者。起於思想內部之異狀。外面者。運動於外界之異狀。其順序爲第一再想。第二搆想。第三虛想。第四感情。第五意志。

第百十一節　思想之異狀　再想異狀之起。由於感覺及知覺有種種之異象既然矣。而又有由此二覺達再想之中途。忽生異狀者。蓋再想者由記憶上之觀念關係而生。而由知覺及記憶之强弱完否。生再想之誤者多。又有由習慣聯想等事而生誤者。今姑專就內界之原因述之。而其原因有種種。一相對者。此不啻一感覺與一感覺之相對。若一感覺與一觀念之相對而已。亦有一觀念與一觀念之相對者。即思想內部之相對也。今再想上再起一觀念。其明不明有暗與他觀念相對照者。例如追憶昨年面會之友人。其面會之場處之風光及同時會合之人。必再現。且與之對照而所憶倍爲明瞭。浮其影像於心中。次再想之生之所要者。爲注意。心力會注於或一點。一影像得非常判明。而其一點。更爲心力之專注。至妨他觀念之再起。一觀念獨專制橫行。而與有關係之觀念再起。

先所謂專制思想是也。例如有人忽念及狐而全力專注之。遂自如感狐。再起狐之態貌聲音等而擬之而既於心內有如是之專制再想。遂示運動於外部而不之覺。所謂無識筋動是也。夫一方專注心力而他方生無識。自然之理。在此時意志全失其力。是更不知前後之事情。而入無意之境遇。獨於或一點者。其影像非常判明。現顯於感覺上。是所謂幻境即幻覺妄覺所起之原因也。例如父母死而慕之甚切。則所見現父母之貌。或怖蛇者無蛇處見蛇。怖蟲者無蟲處見蟲。是也。惟罹病而於精神上生變動者。見種種之幻境。猶如夢中現種種之妄境。在此場合。不能見現幻之別。而世所謂妖怪者。多現見於此時。在日本古來誘天狗者傳有一日中歷觀諸國之高山。是蓋其一時入夢境。以平生所聞天狗之觀念專制心內。而現其種種之妄境也。

第百十二節　搆想之異狀

搆想之異狀。生於感覺知覺之異象。固無論。實亦生於再想之變狀也。何則。搆想者。除去記憶中所存觀念之一部分。而附加他部分。不外於再想之一種也。而其搆成新影像也。或有近於事實者。或有遠於事實者。如人具羽翼。或發光明。或御風駕雲等。是皆搆想所成之新影像。而想見此影像於心內。亦要相對之事情。而其觀念。有思想之專制者。起專制於此。而支配全思想於一種之搆想。於是無識筋動、無識情動、無識意動、等起。而以心內之想像現示於外界。故現示幻境也。但其幻境也。又有由再想而現較爲高等之妖怪者。彼宗教熱信之徒。往往觀見天堂地獄之冥界。是皆不外於搆成想像之專制。而精神病者其例尤多。要之再想之現妄象幻境者。謂之妄象。搆想之現妄象幻境者。謂之妄想。

第百十三節　虛想之異狀第一　虛想之位於第一者爲概念。概念者。即實想之諸觀念。而比較分類抽象概括者也。實想有誤謬。或其比較抽象作用有誤謬。則由是所得之概念。亦不能無誤謬。而斷定者。又結合概念而成。縱令概念無誤謬。而其結合不得正。則終不免陷於虛僞。一人曰。雷者神也。一人曰。雷者獸也。夫此二者。雖有斷定形式。以其結合不得正。不能合於道理。何則。結合概念。雖不得不照經驗上之事實。而當智力未發達。不能明知因果之關係。見迅雷之時。有雷獸之降。直指之爲雷。而獸與雷之間有何如關係。不推究也。又如視銀漢爲天河。視月中之影爲玉兔。皆同之。次推理者由斷定相合而搆成之。既知斷定之所以誤謬。則推理之所以誤謬可知矣。要之概念之錯誤迷妄。謂之妄念斷定之錯誤迷妄。謂之妄斷。推理之錯誤迷妄。謂之妄理云。

第百十四節　虛想之異狀第二　次由虛想內部之情況而考妖怪變幻之所以生。第一爲相對。亦與實相同。夫知部分者。由有全體。知原因者。由有結果。諸思想無不有相對之關係。以故人智之性質。無不限於相對。如有機與無機相對。有智與無智相對。東洋與西洋相對。文明與野蠻相對。互得知也。是故經驗之範圍狹小。而所記臆之事實寡乏時。思想大不免有誤謬。就同有神若靈魂之思想者。因知識經驗之乏與富而迥然不同。皆人之所知也。而智者學者。就神及靈魂有高尙之思想。亦由與目前所現之諸象相對而想定者。如形而上與形而下相對。無限與有限相對。絕對與相對相對可知。然則其所謂神與靈魂者。果其眞神靈耶否耶。未可知也。況於愚者之所想定耶。第二虛想之專制。凡學問之研究。在集合思想之全力於一點。非其一點思想之專制不能。然其思想若非有益於社會。而專注於自己一身之利益者。或集於不道理的不正義的之事項。亦不得不謂之一種之迷誤。例如自欲有所僥倖。而祈願之於神。若由卜筮人相等前定之是也。而如此全思想一專注於此事。雖必有多少之效驗。是畢竟不免迷誤。而其所以效驗者。非卜筮人相之力。而專注集心之力也。人若向一點而專注者。識覺其一事之力甚强。他之諸事。經過於無識不覺之中。而諸事實中。惟識覺其最初豫定者。如由卜筮言。何日可得幸福。則雖於其日有多少之不幸。皆不留意。卽僅有小幸福。亦以爲大幸福以實其言。反之而得不幸災難之豫言。不但視小不幸以爲大不幸而已。有沮喪失望自招災害者。是皆專注專制若信仰之結果也。又世間之破家喪產。不幸累至。興家恢業。幸福累來。或雖謂天運使然。亦由人力自招者居多。蓋人沉淪於不幸。多少精神錯亂。雖自思愼重處事。猶不能如往時之精確。不免疏漏者多。是商人之一失敗者。所以有再三失敗之傾向也。而際會幸福者。心泰氣盛。其思想精審確當。而益得幸福。如此者。亦不可不以專制之理說明之。

第百十五節　虛想之異狀第三　一方有專制而他方生無識。固無論。亦有一方無專制而全面生無識者。如睡眠中、觀省於內作爲於外者。多不自覺。又有一時思想之專制。繼而變爲無識者。又有思想前後二樣相嬗。前與後全立於反對而互相抗爭者。又有二樣相反之思想。併存於同時者。又有全爲反對之思想之專制者。表之於左。

甲　前時專制而後時變爲無識者。

乙　前時之思想與後時之思想全相反者。

丙　同時有二樣相反之思想併存者。

丁　惟反對之思想專制者。

此丁者。全入於幻境者也。甲者。前時思想專制而後時變爲無識。吾人日夜由之。致不足異。如晝間有多少思想之專制。及夜間就寢而變爲無識。若精神病則達其變化之極端者也。乙者。前後之思想相異。先所謂意識之中心一變。初在甲點。後移於乙點。猶甲黨占領政府。一變而乙黨占領之。例如精神病狐憑病。病前與病中全有別思想。俄如化爲別人者。是其在我心中而支配內界之主觀念、變其位置、故也。然於此有一說。謂腦髓分左右兩半球。平常者左半球獨營作用。右半球休止。罹精神病狐憑病時。右半球亦呈其作用。故前後全異思想。而此說未爲可信。何則。無一半球獨活動而他半球休止之理。若由此臆說。則當謂平常兩半球互一致而呈作用。在病時兩半球各獨立而呈作用。始稍稍有一理也。又丙者。同時二樣之思想併立。

在平時往往經驗之。至病中倍見其甚。例如有狐憑病。而自己之思想。與憑依於狐之思想。兩樣併存。是在內界中甲乙兩中心併立而呈作用。猶兩黨對立而支配一國。若又由半球說。則可解爲左半球與右半球兩者同時作用。又可由假定之界說。解爲兩半球之一致作用與別立作用。得同時併存也。又丁者平常之思想全消滅。而反對之之思想。獨專有全力。是所謂入幻境之狀態。或全分入於精神病界之境遇也。卽前所揭圖中乙觀念專有思想之中心。而支配全界。又由半球說。爲半球獨呈作用。而此狀態凡有三樣。其一。精神由一方法而失其中心。至全體止由他人之思想。以機械的應其命令。是催眠境遇之狀。自失其中心而附以他人之思想者也。譬之一國。既失其主權。立於他國政令之下。其二。思想作用之變動。其感境雖依然如常。而論理斷定之力。若失其中心。全以反對平常之思想下判斷。如狂人中有名妄想狂者。圖挾泰山以超北海。或計畫架設鐵橋於太平洋。是也。既自以此妄想爲確實。更不怪之。而聞他人之怪之。則反以不狂爲狂。其三。感覺上現幻境。視人之不見。聽人之不聞。謂目前全見別世界。是有精神病者多所見也。蓋人者有肉眼與心眼。見外界現象者。肉眼之力。見內界觀念者。心眼之力。若心眼專其力。而肉眼失其力。至見心內之幻境。雖平常之人。在夢中恆見之。決不足怪。但醒時而入夢境。則謂之精神病中之狀態而已。

第百十六節　感情之異狀　以上述思想上所現之異象。推此理而感情及意志上所起之變幻可知。感情亦不免相對。對苦知有樂。對樂知有苦。若有樂而無苦。則其樂非己之樂。故苦樂俱非可一定者。由精神上之狀況而爲種種之變更也。又有感情專制而當其熾時。諸思想全爲感情之命令所左右。其悲時是非不能辯。其畏時進退不能處。而達其專制之極。不但一方生不覺而已。有一心全入於無識之境遇者。故人憤怒而至其熱度最高。有不自覺其舉動。或又由感情專制之熾。而現種種之幻境。如見別世界者。觀宗教信者之熱度高而現見地獄極樂之景況可知。是亦思想之中心一變。而以一種之感情爲其中心也。其感情各種之說明。先於第七十四節以下詳述。此略之。

第百十七節　意志之異狀　智力感情之爲相對性。既如前述。意志亦然。抑意志者。雖若以自由爲性。而立於相對之範圍外。其發動也。仍由心內之狀態。而其諸狀態。由於諸觀念間互相比較對照。故雖一舉一動。亦無非比較對照之結果。夫鼓動意志之動力者。

謂之動機。實意志之原因也。此原因數多競起時。其間不能無比較對照。而其結果至於向一方而決意志之舉動。是亦由相對來也。其他意志作用中選擇決斷等。皆無不相對。又意志有專制。當其起時。有不覺一切之舉動者。如所謂眠行之夢中發語或起而步行是也。又病氣若醉人。不但不自覺其舉動而已。有其舉動全異於平時而如出別人者。或又全在幻境。無物而欲擒之。無聲而欲聽之。實呈奇怪之舉動。於精神病者多見之。又如催眠術者。其舉動應答他人之命令。而無自制之意力。是內部之思想失其連絡。而有反射外部命令之狀態者也。其意志之各作用。當參觀第八十三節以下。

第百十八節　說明篇結論　以上所述妖怪學總論。以心理學爲中心。爲本城而論之。其講述涉一年間。或有不說於前而述於後。及詳於前而略於後者。或前重後複者。不尠。故於此揭心理學所關分類之略表以便一覽。

- 感覺
  - 常覺
  - 妄覺
    - 病覺
    - 怪覺

- 心性
  - 心象
    - 智力
      - 常智
      - 變智
        - 病智
        - 怪智
    - 情緒
      - 常情
      - 變情
        - 病情
        - 怪情
    - 意志
      - 常意
      - 變意
        - 病意
        - 怪意
  - 心體（眞怪）

此表中。心體關於眞怪。心象關於假怪。而併及理怪者也。心象雖常分智情意之三者。以便宜分爲感覺智力情緒意志之四種。其中考究常覺常智常情常意。爲正式的心理學。其變式的心理學。有病的者屬精神病。怪的者。雖正屬於心理的妖怪學。而與病的同爲心象之變態異常。亦不可不加於變式的心理。今考之心象各作用之上。而爲其所屬妖怪之分類。先分變覺如左表。

變覺
- 變覺（變視變聽變嗅變觸變味）
- 幻覺（幻視幻聽幻嗅幻觸幻味）
- 妄覺（妄視妄聽妄嗅妄觸妄味）

以此變覺之名稱重複。或改總稱之變覺爲異覺可也。是主觀上之分類也。若對之而示客觀之境遇如左表。

變覺（主觀的）……變象（客觀的）

幻覺（主觀的）……幻象（客觀的）

妄覺（主觀的）……妄象（客觀的）

其中變覺者。由事物與事物關係相對。而多少變其形、以現於感覺上、之謂。例如同一太陽。朝時與中天之時。異其大小。次幻覺者。其原因由外界入來。加以想像、全有別物之感、之謂。例如見繩認蛇。見木骨爲鬼形。次妄覺者。外界全無其原因。獨由內界之想像而起。例如無物見物。無音聞音。次變智分類如左。

- 變智
  - 外覺
  - 內想
    - 實想
      - 再想（妄像）
      - 搆想（妄想）
    - 虛想
      - 有限性
        - 妄念
        - 妄斷
        - 妄理
      - 無限性

此分類者。對照於常智之分類而設。但置無限性者。是示假怪與眞怪之關係。明所以有限之道理窮而無限眞怪現者也。次示變情之分類如左。

- 變情
  - 單情
    - 苦痛性
    - 快樂性
  - 複情
    - 相對性
    - 絕對性

凡關於妖怪之情爲怪情。此怪情與恐怖之情聯絡而起時。爲苦痛性。若此怪情與好新奇之情連帶而起時。則爲快樂性。是人所以恐妖怪而又同時有好之之情也。又於複情之上。其相對性。亦有苦痛性及快樂性之二種。而設此相對性與絕對性之二者。同爲示假怪與眞怪之關係也。次表變意如左。

關於假怪之意志。雖無可論善惡之理。而關於僞怪之意志。有出於故意者。不得不論其善惡。故意志之上。要設善惡二種而考究之。次於複意之上。設相對性與絕對性之二。與感情同例。

變意
- 單意性
  - 惡意
  - 善意
- 複意性
  - 相對性
  - 絕對性

以上分類。爲變式的心理學。即心理學的妖怪所關心象之分類也。由是就心體而一言眞怪之如何。

第百十九節　眞怪論　抑眞怪者何耶。當先舉假怪與眞怪而比較之。假怪者。心象物象上之所現。固有限相對差別而可知的也。反之而眞怪者。無限絕對而不可知的也。既謂之不可知的。其內部之狀態固不可知。其物存耶否耶。似亦不可得知。雖然。詳究假怪而自知眞怪之存。又達觀心象之內部。自得接觸眞怪之靈光。吾人由理論與實際。均得證明眞怪之存在也。宗教家謂之天啟。詳言之。則吾人之得接觸體達眞怪者。非吾人之力。而由眞怪本境啟示吾人之謂也。佛教有自力他力之二道。吾人之力。得開示眞怪。是謂自力。若吾人之力不能達之。而由眞怪本境啟示於吾人之上。所謂他力也。此二論者。

其實同一。蓋以吾人之心。解爲相對性之心象。而非絕對性之心體。則於吾心之上。發眞怪之光者。不可爲吾人之力。若反之而以吾人之心。縱爲相對性心象。然此心象者本絕對性之一部分。自於吾人之心中含有絕對之眞怪。所以體達之者。亦不外吾人之力。故在於佛教中唱自力之宗旨者。說我心本體卽佛。一切衆生悉有佛性。吾人之感應悟道。在開現本來我心象中所包有之心體。是自力及他力之所由分。又同一宗教所以存此二說也。雖然。更溯兩說之本源而推窮之。其理一而無二致可知。

次論眞怪者。有如何關係於宇宙萬有之上。抑此天地與萬物。本皆由眞怪本體開發來者。開示其眞相於眼前萬有萬象之上。固當然也。此開示有內外之別。所謂內界之開示。與外界之開示也。外界之開示。於物界之上現眞相。內界之開示。於心象之上現眞相。內界之開示。於吾心象之內部。開現不可思議之靈光。吾人深思靜慮而自得接觸之是也。外界之開示。吾人觀天地萬有。自於其間浮美妙之觀念。或於天文上見其美。或於山川上見其美。或於草木禽獸上認其美。此美也。直由無限之本境開現來。吾人接之而又惹起無限之感想也。而在外界示此美者。太陽。於內界示其神者。良心也。其一現美妙之相。

其一開靈妙之光。故二者眞可謂開發眞怪之神氣者。若在外界無太陽。天地暗黑。吾人遂無由觀其美妙。若在內界無良心。又如何得接觸靈妙之神光。而叩其眞體之關門也。今以其開現於物界心界之別。而謂外界之開現爲靈怪。內界之開現爲神怪。此靈怪及神怪皆不可思議。而爲吾人所不可知者。人智以上。道理以外。故謂之秘怪。卽是理外之理也。雖然。此必非理外之理。必非人智以上。其所以然者何耶。曰。若以吾人之心爲有限者。眞怪之境遇。固不可不在人智以上道理以外。若又以此有限之心爲無限之心之一部分。有限之心中。自包有無限之心。此理外者。尚得在理內。蓋由吾人所有無限之心。雖爲理外。由無限心。則不可不在理內。今論之於智力之上。有無限性與有限性之二種。若由無限性之智力。則眞怪與心體。皆在道理以內。是知道理有有限性與無限性之二種。普通之道理。雖有限性。高等之道理。則無限性也。故若由此無限性之道理而論眞怪。其體非秘怪。而不可不謂理怪。吾人之心。雖有智情意三種之作用。其體現於無限之心體上。則三者在外面雖有有限性。其內面自具無限性。宗教者皆以脫却此有限性、而體達無限性、爲目的。而此體達。或有由無限性之智力者。或有由無限性之感情者。

或有由無限性之意志者。故有天台爲智宗禪宗爲意宗、淨土門爲情宗、之論。既智情意共帶無限性。則名此眞怪爲秘怪或理怪。皆覺不當何則。此二者。由道理上所與之名稱也。卽秘怪者、謂在道理以外。理怪者。謂在道理以內。而其以外者對有限性之道理而云。其以內者對無限性之道理而云。故若加之以無限性之情無限性之意。當名之以妙怪。此妙怪。脫有限性之智情意。而達無限性之智情意。眞善美圓滿之體之名也。且又秘怪者。雖以道理外內之異其所視。而異其名稱。而不可不知此二者之一揆。由一方觀之。爲秘怪。由他方觀之。則理怪也。由表面認之。爲理怪。由裏面考之。則秘怪也。蓋眞怪。亦理怪。亦秘怪。亦理外。亦理內。惟呼之爲妙怪可也。而妖怪學者。主由智力道理論明由此點而名之爲理怪。又無不可。今示以上論述眞怪之分類表如左。

- 眞怪
  - 秘怪
    - 靈怪
    - 神怪
  - 理怪
  - 妙怪

第百二十節　結論

全論告終。揭妖怪之全表以爲總論之結論。

- 妖怪
  - 虛怪
    - 僞怪（人爲的妖怪）
      - 個人的妖怪
      - 社會的妖怪
    - 誤怪（偶然的妖怪）
      - 客觀的妖怪
      - 主觀的妖怪
  - 實怪
    - 假怪（自然的妖怪）
      - 物怪（物理的妖怪）
        - 無機的
          - 天文的
          - 地理的
          - 物理的
          - 化學的
        - 有機的
          - 植物的
          - 動物的
          - 人類的
      - 心怪（心理的妖怪）
        - 變覺
        - 變情
        - 變智
        - 變意
    - 眞怪（超理的妖怪）
      - 祕怪
        - 靈怪
        - 神怪
      - 理怪
      - 妙怪

右表中。偽怪者由人之意志工夫搆造作爲之妖怪。分之爲個人的及社會的二種。個人亦有奇情的與利己的二種。或如虛言大言。有起於奇情、與起於利己之二樣。或作僞掩蔽等行爲。多起於利己。次社會的。亦有屬平時與關變時之別。其平時政略上權謀術數。變時有天災與戰亂之別。在戰亂中戰略上之謀術是。雖然此人爲的妖怪。今回講義略之。次誤怪者偶然之事。誤認爲妖怪。有外界一方與內界一方所起之二種。謂之客觀的妖怪及主觀的妖怪。又有起於內外兩界間者。例如二回若三回之大火。異年而同月同日起者。以爲此日有關係於大火。而目之爲凶日。此偶然暗合。而誤以爲不思議之關係。又夢見人之死亡。而實際會其死者。世人眞以之爲怪物。其實是多出於偶然。不足爲不思議也。其他有臆病者。夜中旅行。途遭他人而認爲怪物。或於樹枝揭燈。而遠方偶然認爲怪物。總稱之爲誤怪云。

次假怪者。非人爲。非偶然。而自然起者。此妖怪有現於物上現於心上之別。一者物怪。卽物理的妖怪。他者心怪。卽心理的妖怪。而屬物怪者。由天文學、或地質學、或物理化學、或動物學、植物學、得考究其理。又屬心怪者。可以心理學說明其理。次眞怪者。是眞正之妖怪。指先所謂絕對無限之體而名也。假怪雖實怪之一。而講究之達其原理時。則基於尋常之規則道理可知。今日人智所謂妖怪。他日之人智。或可知悉其理。反之而眞怪者。雖如何人智進步。終不可知。是超理的妖怪也。此所謂眞怪之本體。到處遍在。不問物之上或心之上。漸研究之而達其本原實體。皆爲眞怪。終於不可知的。不可思議。卽物者有物之現象與本體。心者有心之現象與本體。達物之本體則可謂眞怪。達心之本體亦是眞怪也。今欲區別此二者而云一靈怪一神怪。靈怪者。物之本體之妖怪。神怪者心之本體之妖怪也。而靈怪及神怪之二者。皆神祕不測。在人智以上道理以外者。合稱之爲祕怪。若靈怪神怪二者相合而一體。而至與道理一致無二途。則謂之理怪。然則眞怪雖有三種之別。其實通爲一也。

就以上數種妖怪觀之。僞怪誤怪。是固非妖怪。全出人之虛構誤謬。故謂之妄有次假怪。雖非道理上之眞怪。而事實上現爲妖怪。在裏面雖非妖怪。而表面則爲妖怪。故謂之假怪。至眞怪則獨爲眞正之妖怪。除之而無他之眞妖怪。故謂之眞怪。有此四種者。以僞怪假怪及眞怪爲三大怪。考之世界上。世界者。有無限絕對之世界與有限相對之世界。又別有人間世界。此人間世界跨在兩界之間。能與兩界相通。謂之三大世界。今與此三大世界相應。而妖怪亦有三大種。卽眞怪者所謂絕對世界之妖怪。假怪者所謂相對世界之妖怪。僞怪者所謂人間世界之妖怪。而至誤怪位於自然與人爲之間。僞怪及假怪上偶然生者。別無對之之世界。故亦不以之爲一大種之妖怪。以是舉妖怪之種類。僞怪假怪及眞怪之三大種。就其關係於眞怪而開示其理於人。又能講體達之之道者。卽宗教也。次研究假怪之道理而明之者。一般之學科也。而關於僞怪而成立者。人情風俗政事等也。故研究僞怪者。得知社會人情之奇智妙用。研究假怪者。得曉萬有自然之奇變妙化。研究眞怪者。得悟神佛之奇相妙體。是故欲知社會人情之機密。當考究僞怪。欲知物心萬有之機密。當考究假怪。欲知人物幽靈之機密。當考究眞怪。蓋其第一於考治有關係。其第二於教育有關係。其第三於宗教有關係。是余妖怪學研究之順序。而其目的在於去僞怪拂假怪而開眞怪也。

妖怪學講義終

光緒三十二年歲次丙午八月初版

（妖怪學講義總論一册）

（定價大洋六角）

原著者　日本井上圓了

譯述者　山陰蔡元培

發行者　商務印書館

印刷所　上海北福建路第二號　商務印書館

總發行所　上海棋盤街中市　商務印書館

京師　奉天　天津　開封　漢口
重慶　成都　廣州　福州　商務印書館分館

上海商務印書館新出各種教科書廣告

初等小學堂用

修身教科書一至十册　每本洋一角
修身教科書教授法一至十册　每本洋一角
修身教科書（第一册掛圖二十幅）（甲已裝 乙未裝）　每份洋六元 每份洋五元
國文教科書第一册　每本洋一角五分
國文教科書二至十册　每本洋二角
國文教科書教授法第一册　每本洋四角
國文教科書教授法二至五册　每本洋三角
國文教科書教授法第六册　每本洋三角五分
國文教科書教授法第七册　每本洋
女子國文讀本　每本洋一角五分
文學初階一二三四册　每本洋一角
文學初階五六册　每本洋一角五分
（總理學務大臣審定）普通珠算課本　每本洋一角
珠算入門二册　每部洋四角五分
珠算教科書卷上（甲乙）二册　每部洋三角
珠算教科書卷下（甲乙）二册　每部洋三角
珠算教科書教授法卷上　每本洋五角
珠算教科書教授法卷下　每本洋五角
筆算教科書第一二册　每本洋一角五分
筆算教科書第三四五册　每本洋二角
筆算教科書第一二册掛圖十六幅　每份洋二元五角
筆算教科書教授法第一二册　每本洋二角五分
筆算教科書教授法第三四册　每本洋三角五分
筆算教科書教授法第五册　每本洋四角
中國歷史教科書二册　每部洋三角
（中外）國地理教科書四册　每部洋五角
習字帖第一册　每本洋一角
習字帖第二三四册　每本洋八分
習畫帖教員用一册　每本洋二角
習畫帖學生用八册　每部洋五角六分
（學部審定）畫學教科書　每本洋七角
普通新歷史　每本洋一角二分
小學唱歌教科書　每本洋三角

高等小學堂用

（總理學務大臣審定）中國歷史教科書（二册）　每部洋一元
（總理學務大臣審定）西洋歷史教科書（二册）　每部洋五角
（總理學務大臣審定）亞美利加洲通史（二册）　每部洋七角五分
中國歷史教科書四册　每部洋七角

總理學務大臣審定生理學教科書	每本洋二角五分
生理學	每本洋一元
地文學	每本洋九角
地質學	每本洋一元二角
普通鑛物學教科書三册	每部洋六角
植物學教科書	每本洋一元
動物學	每本洋八角
總理學務大臣審定馬氏文通二册	每部洋一元五角
漢文典二册	每部洋一元
總理學務大臣審定理財學精義	每本洋四角
帝國英文讀本卷首	每本洋一角
帝國英文讀本卷一	每本洋二角五分
帝國英文讀本卷二	每本洋四角
帝國英文讀本卷三	每本洋五角五分
帝國英文讀本卷四	每本洋一元
英華文通	每本洋一元

高等學堂用

微積學	每本洋一元六角
京師大學堂講義初編四册	每部洋八角
京師大學堂講義二編四册	每部洋八角

簡易課本

簡易修身課本	每本洋一角
簡易國文課本二册	每部洋二角五分
簡易歷史課本	每本洋一角
簡易地理課本	每本洋一角
簡易數學課本二册	每部洋三角
簡易格致課本	每本洋一角

師範學堂用

總理學務大臣審定論理學綱要	每本洋四角五分
總理學務大臣審定教育心理學	每本洋三角五分
學校管理法	每本洋二角
學部審定教授法原理	每本洋二角
學部審定教育史	每本洋二角五分
教育學	每本洋二角
論理學	每本洋一角五分
各科教授法	每本洋二角
中國歷史卷上	每本洋二角五分
中國地理	每本洋一角五分
中國文典	每本洋
物理學	每本洋
心理學	每本洋二角五分
近世算術	每本洋七角
速成師範講義叢錄二册	每部洋一元二角